DIGITAALITEKNIIKAN PERUSTEET

aloitusopas digitaalisen maailman rakentajille

Panu-Kristian Poiksalo

Tampereen teknillinen yliopisto
Digitaali- ja tietokonetekniikan laitos
2003, 2005, 2007

Painetun kirjan jakelu:

Modeemi ry
c/o Tampereen teknillinen yliopisto
PL 553, FIN-33720 TAMPERE
puh. (03) 3115 2061

3. laitos 2007, digitaalinen jakelu 2019

Poiksalo, Panu-Kristian A.
Digitaalitekniikan perusteet: aloitusopas digitaalisen maailman rakentajille, 2. laitos
YKL: 62.671
UDK: 004.31+621.38

ISBN 978-952-5511-04-8
EAN 9789525511048

www.microdim.net/digitaalitekniikanperusteet

Sisällysluettelo

Tämä kirja on omistettu vanhemmilleni Maurille ja Eija-Riitalle, jotka tekivät minusta sen, kuka olen, sekä kaikille opiskelijoilleni, joista monista tulee parempia digitaalisuunnittelijoita kuin minä. He tulevat osaltaan muuttamaan maailmaa ja luomaan siitä sellaisen, missä tulevaisuudessa elämme.

Saatteeksi

Elämme digitaalitekniikan kulta-aikaa. Käytämme digitaalisia laitteita jatkuvasti niin työssä kuin vapaa-aikanakin. Koskaan aiemmin ei uusia digitaalilaitteita ole kehitetty niin paljon kuin nyt. Digitaalisuunnittelu onkin yksi tärkeimpiä tämän päivän insinööritaitoja.

Tämän kirjan tarkoituksena on antaa perustiedot digitaalisuunnittelusta lukijalle, jolla ei ole aiheesta aiempaa tietämystä. Opinnoissaan tai työssään pienimuotoisesti digitaalitekniikkaa tarvitseville se antaa suurimman osan tarvittavista tiedoista ja pitemmälle tähtäävälle se antaa hyvän pohjan tuleville opinnoille.

Digitaalitekniikan kehitys on antanut suurimman haasteen tämän kirjan kirjoittamiselle. Samalla, kun digitaaliset laitteet ovat tulleet monimutkaisemmiksi, ovat myös digitaalitekniikan suunnittelumenetelmät kehittyneet ja muovautuneet. Suunnittelumenetelmät, jotka ovat toimineet muutamien ja muutamien kymmenienkin elementtien kytkennöille eivät enää toimi, kun järjestelmien monimutkaisuus ylittää ihmisjärjen välittömän hahmotuskyvyn. Oikeastaan vasta 1990-luvulla on löydetty ne digitaalisten järjestelmien kasvun tien tärkeimmät sudenkuopat ja kompastuskivet, jotka aiheuttavat ongelmia suurissa piireissä, kuten esimerkiksi mikroprosessoreissa. Valtaosa varsinkin suomenkielisestä alan kirjallisuudesta on kuitenkin kirjoitettu jo aiemmin ja aloitteleva digitaalisuunnittelija on vaarassa oppia menetelmiä, joista on enemmän haittaa kuin hyötyä. Onkin tärkeää, että alusta alkaen opitaan juuri ne menetelmät, jotka toimivat myös monimutkaisimmissakin kytkennöissä.

Toisen haasteen tälle kirjalle antoi filosofi Ludvig Wittgenstein (1889-1951), joka sanoi: "Minkä ylipäänsä voi sanoa, voi sanoa selvästi ja siitä mitä ei voi sanoa selvästi on vaiettava." Toivottavasti lukija tätä kirjaa käyttäessään huomaa, ettei digitaalisuunnittelu ole salatiedettä, jossa voivat menestyä vain alan huippuammattilaiset vaan itse asiassa hyvinkin selkeää ja jopa helppoa. Monimutkaiset järjestelmät koostuvat yksinkertaisista rakenneosista ja muutamaa sääntöä noudattamalla voi laajankin järjestelmän toiminnan ymmärtää yksinkertaisten osasten joukkona.

Kirja on suunniteltu siten, että se ei vaadi juuri muita esitietoja kuin aiheesta kiinnostuneen mielen. Lukio-opinnoista on hyötyä, mutta nekään eivät ole aivan välttämättömiä. Parhaan hyödyn kirjasta lukija saa, kun lukee sen alusta lähtien jättämättä mitään väliin ja pysähtymällä välillä pohtimaan esitettyjä esimerkkejä ja tehtävien ratkaisuja. Kirja on suunniteltu ensisijaisesti opintomateriaaliksi ensimmäisen tai toisen vuoden korkeakouluopiskelijoille, mutta se soveltuu perustietoteokseksi ja opiskelumateriaaliksi luennoille ja itseopiskeluun kaikille asiasta kiinnostuneille koulutustaustasta riippumatta.

Hyvät ystäväni Henrik Herranen, Pasi Ojala, Pekka Johansson sekä erityisesti tutkija Riku Uusikartano TTY:n Digitaali- ja tietokonetekniikan laitokselta ansaitsevat suurkiitoksen asiantuntija-avusta ja oikoluvusta. Teidän apunne on ollut korvaamatonta ja olen ylpeä voidessani kutsua teitä ystävikseni.

Toivon, että lukijalla on kirjan parissa antoisia ja hyödyllisiä hetkiä. Toivon niinikään, ettei kirjaan ole jäänyt kovin pahoja virheitä. Hyvin rajallisesta tarkistusajasta johtuen niistä voi syyttää yksinomaan tekijää.

Panu-Kristian Poiksalo

Saatesanat 2. laitokseen

Kirjaa on uudistettu varovaisesti toista laitosta tehtäessä. TTY:n Digitaali- ja tietokonetekniikan laitoksen pyynnöstä kirjaan on tehty lisäyksiä, jotka helpottavat asian omaksumista ja kurssin opettamista TTY:llä. Lämmin kiitos yliassistentti Raimo Mäkelälle avusta, tuesta ja kriittisestä silmästä.

Eniten uutta tekstiä on kirjan alkupuolella, jossa digitaalitekniikkaa koetetaan paremmin selittää kokonaisuutena. Sen sijaan, että hypittäisiin asiasta toiseen luottaen siihen, että se johtaa johonkin, lukijalle koetetaan nyt entistä paremmin selittää aina miksi kirjassa käsitellään mitäkin ja miten se liittyy kokonaisuuteen. Tällä saralla on varmasti vielä työtä.

Loppuun on lisätty tietoa erilaisista muistikomponenteista ja jopa kirjassa läpikäytyjen komponenttien avulla suunniteltu mikroprosessori. Myös ensimmäisen laitoksen kirjoitusvirheitä on korjattu. Toivottavasti vanhoja virheitä on korjattu enemmän, kuin uusia on tehty.

Jälleen lämmin kiitos Henrikille oikoluvusta, kuten myös muille siinä auttaneille, erityisesti Tero Manniselle ja Vesa Aholalle. Myös kiitos omalle kullalleni Emilialle, joka on ollut apuna ja tukena, ja jonka näkeminen aina muistuttaa minua siitä, että elämässä on töitäkin tärkeämpiä asioita!

Lämmin kiitos myös lukijalle, kuin myös onnentoivotukset vallan erinomaisen mielenkiintoisen asian opiskelemisesta. Lue, opi, valloita maailma ja tee minutkin ylpeäksi!

Tekijä

Saatesanat 3. laitokseen

Uuden vuosituhannen alku on tuonut paljon kehitysaskelia mikropiirien valmistustekniikassa ja ohjelmoitavissa logiikkapiireissä. Samalle mikropiirille voidaan nykyään suunnitella järjestelmiä, joiden kokonaiskompleksisuus ylittää tuhat miljoonaa transistoria. Samalla digitaalitekniikka on tullut yhä useamman käden ulottuville. Jo parilla eurolla saa tuhansien porttien ohjelmoitavia logiikkapiirejä ja muutamalla tuhannella dollarilla pääsee kiinni järjestelmäpiirien kehityksen kärkeen. Kaikki tämä vaatii entistä parempaa digitaalitekniikan perusteiden hallintaa.

Digitaalisuunnittelun tärkein perusta on edelleen synkroninen suunnittelu, jota tämäkin kirja opettaa. Sen lisäksi täytyy enenevissä määrin kiinnittää huomiota kompleksisuuden hallintaan ja verifiointiin. Kytkennät kannattaa suunnitella pienemmissä paloissa, joiden toiminta voidaan varmentaa erikseen. Niistä edetään hierarkkisesti ja täsmällisesti kohti suurempia järjestelmiä.

Suurin osa digitaalisuunnittelusta tehdään nykyään kuvauskielillä. Ne muistuttavat ulkonaisesti jonkun verran ohjelmointikieliä, mutta eivät ole (vielä) lähimainkaan samalla abstraktiotasolla. Rakenteet täytyy osata piirtää kytkentäkaavioina ennen kuin alkaa käyttää kuvauskieliä, jotta niitä pystyy tehokkaasti käyttämään. Toivottavasti tähän asiaan saadaan kehitystä seuraavien vuosikymmenien aikana.

Lämpimät kiitokset tutkija Erno Salmiselle sekä professori Jarmo Takalalle TTY:n digitaali- ja tietokonetekniikan laitokselta suuresta määrästä kommentteja ja parannusehdotuksia. Suurkiitoksen ansaitsevat myös järjestelmäsuunnittelija T.S. sekä piille suunnittelija T.V. mikropiiriteollisuuden puolelta. Hyvällä yhteistyöllä saamme kirjan pidettyä parhaiten ajanmukaisena!

Tekijä

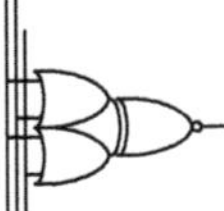

DIGITAALISUUS KÄSITTEENÄ

1 Mitä on digitaalisuus?

Sanalla ‘digitaalinen’ on vahva sointi korvissamme. Yhdistämme sen esimerkiksi digitaalitelevisioon, digiboksiin, CD-levyyn, GSM-puhelimeen, digitaalikameraan ja tietokoneeseen, mutta mitä ‘digitaalisuus’ oikein on ja mitä itse sana oikein tarkoittaa?

‘Digitaalinen’ tulee suomen kieleen englannin sanasta ‘digital’. Sen kantasana ‘digit’ tarkoittaa numeroa (ja alun perin sormea), joten sana voitaisiin suomentaa ‘numeerinen’. Esimerkiksi ranskan kielessä käytetään termiä ‘numèrique’, ja digitaalinen järjestelmä on ranskaksi ‘systeme numerique’. Digitaalisuus tarkoittaa siis vain sitä, että tieto esitetään numeroina.

Digitaalisuuden vastakohtana voidaan pitää käsitettä ‘analoginen’, jonka yksi suomennos on ‘samankaltainen’ ja toinen hyvä suomennosehdokas ainakin tekniseltä kannalta on ‘jatkuva’. Asia selvenee, jos pohditaan vaikkapa perinteisen äänilevyn ja CD-levyn välistä eroa. Vaikkei tämän kirjan aiheena olekaan digitaalinen *signaalinkäsittely*, nämä yksinkertaiset esimerkit auttavat osaltaan ymmärtämään digitaalisuuden käsitettä ja digitaalisten järjestelmien luonnetta.

Äänihän on ilman värähtelyliikettä. Äänilevyssä värähtely on tallennettu vinyylikiekon pinnassa olevaan uraan, joka mutkittelee hieman. Levysoittimessa äänilevyn uraa seuraa neula, joka värähtelee uran mukana. Värähtelyliike johdetaan mikrofonia vastaavaan rakenteeseen, jossa niin kutsuttuun puhekelaan muodostuu jännite, joka seuraa uran värähtelyä. Tämä pieni jännite johdetaan vahvistimeen, joka edelleen ohjaa kaiuttimessa olevaa puhekelaa, joka liikuttaa muovi- tai pahvikartiota edestakaisin aikaansaaden ilman värähtelyliikettä eli jälleen kuultavan äänen.

Olennaista edellisessä esimerkissä on se suora yhteys, joka vallitsee alkuperäisen äänen värähtelyliikkeen, äänilevylle tallennetun värähtelyliikkeen ja kaiuttimista ulos tulevan värähtelyliikkeen välillä. Vanhojen, 78 kierrosta minuutissa pyörivien "savikiekkojen" pinnassa aallon voi nähdä paljaalla silmällä. Jos kaikki järjestelmän osat olisivat ideaalisia, levyn pintaan tallentuisi täsmälleen alkuperäisen äänen värähtely, jonka kaiutin tarkalleen toistaisi. Jokainen, joka on ainakin kotioloissa kuullut äänilevyn soivan tietää, että näin ei todellisessa maailmassa ole, vaan äänessä on erilaisia epätäydellisyyksiä; säröä, kohinaa, huojuntaa ja levyn pintaan ajan kuluessa tulleiden naarmujen aiheuttamia naksahduksia.

Samat ongelmat vaivaavat kaikkea analogista tiedonsiirtoa, kuten radio- ja televisiolähetyksiä, vanhoja puhelinlinjoja, matkapuhelinyhteyksiä, ja vaikkapa teollisuuden mitta-antureita. Harva enää muistaa vanhan ajan kaukopuheluiden kohinaa ja rätinää, sillä jo kaksikymmentä vuotta sitten Suomessa, ensimmäisenä maana maailmassa, siirryttiin valtakunnanlaajuisesti digitaalisiin puhelinyhteyksiin paljon Nokian edistyksellisen DX-200 digitaalisen puhelinkeskuksen ansiosta. Sama kehitys on nyt käynnissä radioliikenteen alalla.

CD-levylle ääni tallennetaan numeroina. CD-levyä tehdessä ääni muutetaan numeeriseen muotoon eli 'digitoidaan' ja näin syntynyt numerovirta tallennetaan optisesti levyn pintaan. CD-soitin lukee numerot ja tekee päinvastaisen muunnoksen, nimittäin 'digitaalisesta analogiseen -muunnoksen' eli DA-muunnoksen aikaansaaden näin vahvistimelle ja kaiuttimiin lähetettävän signaalin. Kuten myöhemmin havaitaan, saadaan tällä numeerisella tallennustavalla monia hyötyjä, joista merkittävin on tiedon parempi säilyvyys sekä se, että kehittyneitä matemaattisia menetelmiä käyttäen järjestelmä toipuu esimerkiksi pienten naarmujen aiheuttamista yksittäisten numeroiden muutoksista levyn pinnalla. (Tätä kirjoitettaessa käyttöön tulleet CD-levyjen kopiosuojausmenetelmät tosin heikentävät olennaisesti tämän korjausjärjestelmän toimintaa.)

Toinen esimerkki digitaalisuuden ja analogisuuden välisestä erosta on analoginen neulamittari ja digitaalinen numeronäyttö esimerkiksi jännitemittarissa. Niiden välillä on periaatteellisia eroja ja kummallakin on omat hyvät ja huonot puolensa.

Neulamittarin neulan liike on jatkuvaa. Sanotaan, että neulan asento voi saada kaikki arvot minimi- ja maksiminäyttämän välillä. Mitä suurempi mittari on, ja ottamalla avuksi vaikkapa suurennuslasi, sitä tarkemmin voidaan nähdä mittarin lukema. Numeronäytön tarkkuus sen sijaan on vakio. Jos näytössä on esimerkiksi kolme numeroa, voi näytössä lukea vaikkapa 4,07 volttia tai 4,08 volttia muttei tietenkään mitään siltä väliltä. Tällöin sanotaan, että näyttämä on *kvantisoitunut* tai '*diskreetti*' eli se voi saada vain rajatun joukon arvoja, nimittäin tässä tapauksessa tasan tuhat erilaista, väliltä 0,00 ... 9,99 V. Kahden lukeman välistä eroa sanotaan lukeman *resoluutioksi*, tässä esimerkissä resoluutio on 0,01 volttia. Tarkemmin sanottuna näyttämän sanotaan olevan *tason* eli määrän suhteen kvantisoitunut eli '*diskreettitasoinen*'. Jos mittarin määrittelyä laajennetaan siten, että näytöllä näkyvä luku ei voi muuttua milloin vain, vaan esimerkiksi ainoastaan sekunnin välein, sen sanotaan olevan myös *ajan suhteen kvantisoitunut* eli '*diskreettiaikainen*'. Tarkkaan ottaen vain lukemaa, joka on diskreetti sekä tason että ajan suhteen sanotaan 'diskreetiksi' ja ainoastaan tällainen toisiaan seuraavien lukemien joukko voidaan tallettaa numeroina vaikkapa tietokoneen muistiin. Aikaa, joka kuluu lukeman vaihtumisten välillä kutsutaan *näyteväliksi* ja sen käänteislukua *näytetaajuudeksi*.

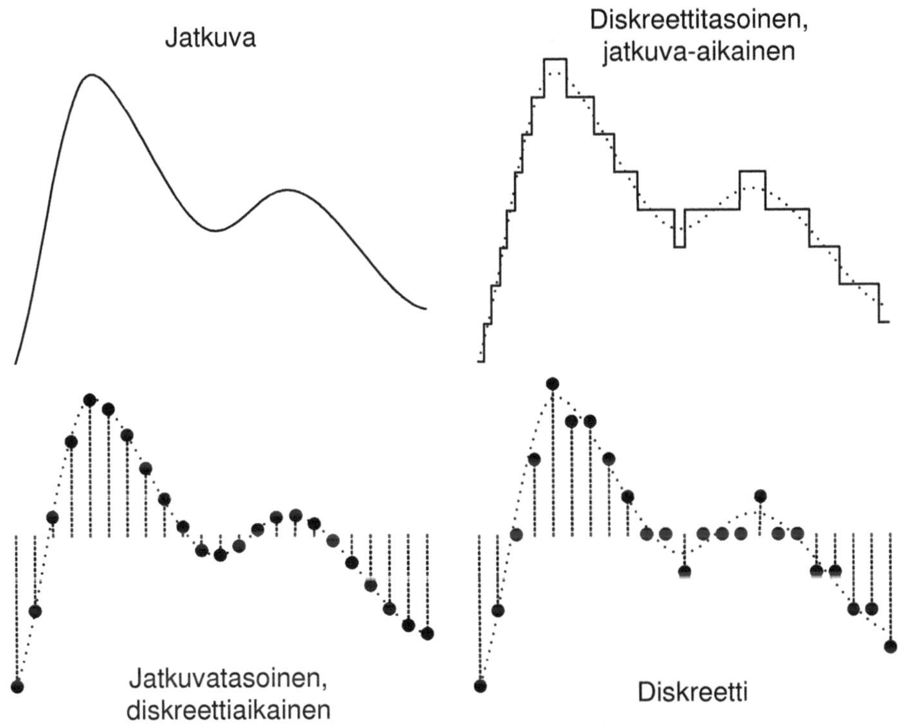

Signaalin kvantisointi ajan ja tason suhteen

Mittariesimerkissä käytetty sana 'tarkkuus' tarkoittaa itse asiassa *lukematarkkuutta*, englanniksi 'precision'. Se ei vielä kerro mitään siitä, onko jännite todellisuudessa 4,07 volttia vai esimerkiksi hiukan yli 4,2 volttia eli siitä, kuinka tarkka itse mittaus on. Mittaustarkkuus riippuu mittausmenetelmästä ja mittarin kalibroinnista ja mittaustarkkuus on englanniksi 'accuracy'. Hieman hankalaa on, että molemmat sanat ovat suomeksi 'tarkkuus'. Nämä kaksi asiaa kulkevat kuitenkin yleensä käsi kädessä, sillä on turha digitoida mittausarvoa suuremmalla tarkkuudella kuin mitä mittauspiiri voi antaa.

Diskreetti arvo voidaan tallettaa tai siirtää kauaskin *ilman, että tietoa häviää*, jos vain on olemassa jokin menetelmä siirtää numeroita kahden paikan välillä. Menetelmä voi olla esimerkiksi digitaalinen tietoliikenneyhteys, tieto voidaan tallettaa muistikortille tai sitten joku voi huudella numeroita puhelimeen tai vaikkapa kirjoittaa niitä lyijykynällä luentolehtiöön ja lähettää paperit postissa. Miten vain numerojoukko saadaankin perille, alkuperäinen arvo voidaan rakentaa numeroista samalla tarkkuudella kuin alkuperäinen digitointikin on tehty. Tämä on merkittävä parannus verrattuna vaikkapa vanhoihin teollisuusmittareihin, joissa lukema siirrettiin mittauspaikasta valvomoon yleensä 4-20 milliampeerin virtasilmukalla, joka ohjasi valvomossa olevaa paneelimittaria. Jos valvomo oli kauempana kuin muutaman kymmenen metrin päässä, näyttämä saattoi heittää paljonkin. Niin ikään ongelmallista oli saada sama tieto useampaan eri paikkaan. Digitaalisesta tiedosta on olennaisesti helpompi ottaa kopioita kuin analogisesta tiedosta. Muistiin tallennuskin tapahtui vanhaan aikaan kynäpiirturilla paperirullalle, jolloin esimerkiksi tietojen jatkokäsittely oli hankalaa. Vanhan analogisen mittausjärjestelmän hyvänä puolena taas voidaan pitää sitä, että tietokoneiden käyttöjärjestelmien kaatumiset eivät juuri häirinneet paneelimittarien neulan liikkeitä...

2 Digitaalinen järjestelmä

Digitaalitekniikan opiskelua helpottaa paljon se, että digitaalisia laitteita on nykyään joka puolella, ja niiden toiminta on meille hyvinkin tuttua. Näpyttelemme kännykän näppäimiä ja sohimme hiirellä tietokoneen näyttöä sen kummemmin kiinnittämättä huomiota noiden laitteiden sisäisiin ihmeellisyyksiin.

Ajatellaanpa tarkemmin vaikkapa *tietokonetta*. Se on selvästikin digitaalinen järjestelmä ja tämän kirjan lukijoista oletettavasti kaikki ovat käyttäneet sellaista. Jotkut ovat jopa kirjoittaneet tietokoneohjelmia. Tietokoneen käynnistäminen, sähköpostien lukeminen tai pelien pelaaminen eli se *mitä* tietokoneet tekevät on useimmille tuttua, mutta se *miten* ne tehtävistään suoriutuvat on enemmän tai vähemmän hämärän peitossa.

Digitaaliset järjestelmät, kuten tietokone, voivat olla hyvin monimutkaisia. Esimerkiksi tietokoneen sisällä majaileva nykyaikainen *mikroprosessori* koostuu jopa miljoonista rakenneosista. Tällaisen järjestelmän toiminnan ymmärtäminen saattaa tuntua hirvittävän vaikealta, puhumattakaan sellaisen suunnittelemisesta[1]. Kuinka se voi ylipäänsä olla mahdollista? Tuskin ainakaan piirtämällä parkkitalon kokoisia kytkentäkaavioita.

---

1. Tämän kirjan puitteissa emme suunnittele kovin monimutkaisia digitaalijärjestelmiä. Vakaa tarkoitus on kuitenkin opetella heti alusta alkaen vain sellaisia suunnittelumenetelmiä, jotka toimivat myös suurempia järjestelmiä suunniteltaessa.

2.1 Hajoita ja hallitse

Ajatellaanpa jotain valtakunnallisessa levityksessä olevaa sanomalehteä. Sellainen on monimutkainen ja laaja kokonaisuus, varmastikin niin laaja, ettei kukaan yksittäinen ihminen pystyisi sellaista kirjoittamaan. Mutta jaetaanpa se osiin: ulkomaat, kotimaa, urheilu, kulttuuri, viihde, tv-ohjelmat,... Edelleen jaetaan nämä pienempiin osiin: artikkeleihin. Nekin voidaan jakaa osiin, vaikkapa kuvitukseen ja tekstiin. Tämän kokoiset palaset sopivat jo yksittäisen ihmisenkin tehtäviksi.

Osiin jakamisessa voi mennä pidemmällekin. Teksti koostuu eripituisista kappaleista. Kappaleet virkkeistä, virkkeet lauseista, lauseet sanoista, sanat kirjaimista. Toimittajan näkökulmasta kirjaimet ovat varmaankin pienimpiä jakamattomia *primitiivejä*, vaikka kirjasintyyppien suunnittelijan näkökulmasta nekin koostuvat erilaisista kaarista.

Osiin jakaminen siis helpottaa sanomalehden suunnittelua. Vastaavasti osista kokoaminen helpottaa lehden hahmottamista. Ensin voisi nähdä joukon kirjaimia, sanoja, virkkeitä, kappaleita. Sitten huomata, että tämähän on artikkeli. Ja kas, näyttää olevan ulkomaanuutisten osastolla. Ja, aivan totta, tämä artikkelihan on sanomalehdessä.

Samoin esimerkiksi yliopisto, tarkoituksellisen kapeasta näkökulmasta katsottuna, koostuu osastoista, jotka koostuvat laitoksista, jotka koostuvat työntekijöistä, jotka koostuvat elimistä, jotka koostuvat soluista, jotka koostuvat proteiineista, jotka koostuvat aminohapoista, jotka koostuvat alkuaineista... On helpompi hahmottaa yliopiston toimintaa, kun ei tarvitse ajatella sitä massana solubiologisia vuorovaikutustapahtumia.

2.2 Hierarkkinen suunnittelu

Lego-palikat ovat hienoja! Ne ovat yksinkertaisia, mutta niitä yhdistelemällä voi tehdä vaikka mitä. Legopalikoiden kanssa on lapsena ollut kiva viettää tuntikausia rakennellen kaikenlaista palikka kerrallaan. Mutta esimerkiksi kokonaisen kaupungin rakentaminen pikku legotaloista voisi olla hiukkasen uuvuttavaa.

Entäpä, jos lego-palikoita voisi käyttää *modulaarisesti*? Kun on saanut yhden pikku talon tehtyä, sitä voisi käyttää *komponenttina*. Palikkalaatikosta voisi sitten noukkia samanlaisia pikku taloja ja sijoitella niitä kadunpätkälle. Kadunpätkistä voisi tehdä omakotitaloalueen ja niistä kaupunginosan. Ja eikö olisikin hienoa, jos voisi kaikissa taloissa vialliseksi osoittautuneen katon korjata alkuperäisessä talossa ja muut samanlaiset talot korjaantuisivat sen myötä automaattisesti!

Tällä tavalla kaupunki olisi *hierarkkisesti suunniteltu*. Sen eri osat muodostavat hierarkkisen järjestelmän, *hierarkian*, jossa jokainen osanen koostuu muista osasista, joiden sanotaan olevan hierarkiassa *matalammalla tasolla*. Kaupunki koostuu kaupunginosista ja niin edelleen.

Digitaalisuunnittelussa voi, ja kannattaa, toimia juuri näin. Peruspalikat ovat yksinkertaisia ja niitä yhdistelemällä tehdään monimutkaisempia palasia.

Heti, kun on onnistunut suunnittelemaan jonkin "palikan", jolla on jokin selkeä tarkoitus, siitä kannattaa *määritellä komponentti* ja antaa sille *nimi*. Myöhemmin voi käyttää määrittelemäänsä komponenttia yksinkertaisesti piirtämällä laatikon ja kirjoittamalla komponentin nimi sen sisään. Näin tarvitsee korkeammalla tasolla välittää vain siitä, *mitä* komponentti tekee, ei siitä, *miten* komponentti sen tekee.

Komponentteja toteutetaan siis “alhaalta ylöspäin”, tehdään pienistä palasista toimiva kokonaisuus ja määritetään siitä komponentti. Järjestelmiä suunnitellaan ylhäältä alaspäin: hahmotetaan haluttu toiminnallisuus, jaetaan se järkevästi komponentteihin, mietitään minkälaisia alikomponentteja ne tarvitsevat ja niin edelleen.

Sillä, miten komponentit koostuvat muista komponenteista on suurin merkitys järjestelmän selkeyteen. Tärkeintä on, että komponentilla on selkeästi rajattu tarkoitus. Yleensä se ei ole kovin monimutkainen. Jotkut ovat sitä mieltä, että jos komponentin kytkentäkaavio ei mahdu yhdelle A4-sivulle, voi olla aika varma siitä, että se pitäisi jakaa useampaan alikomponenttiin. Selkeä komponentti koostuu usein vain keskenään samalla hierarkiatasolla olevista komponenteista.

Taitavalla komponenttien käytöllä kytkentäkaavioista tulee selkeämpiä, kun kerralla on vähemmän hahmotettavaa. Suunnittelukin on helpompaa, kun toistuva asia tarvitsee piirtää vain kerran. Myöskin, jos huomaa tehneensä komponentin suunnittelussa virheen, korjaus täytyy tehdä vain yhteen paikkaan, ellei satu niin valitettavasti, että se vaikuttaa *rajapintaan.*

Rajapintasuunnittelu

Sen lisäksi, että huomioi sen, *mitkä* komponentit ovat järjestelmässä yhteydessä toisiinsa, kannattaa suunnittelussa pitää alusta alkaen mielessä myös se, *miten* ne ovat yhteydessä toisiinsa. Tätä kutsutaan *rajapintasuunnitteluksi*. Digitaalitekniikassa komponentit lukevat sisääntulotietoja ja tuottavat ulostulotietoja.

Komponentteja liitetään toisiinsa niin, että sisääntulot tulevat jonkin toisen komponentin ulostuloista ja ulostulot menevät yhden tai useamman komponentin sisääntuloihin.

Esimerkiksi yksinkertainen laskentakomponentti voisi osata laskea kahden luvun summan tai erotuksen. Sen rajapinta voisi olla: Sisääntulot: "**a**", "**b**" ja "**operaatio**". Ulostulo: "**tulos**". Sisääntuloista **operaatio** on *ohjaustieto*, joka voi saada arvot YHTEENLASKU tai VÄHENNYSLASKU, **a** ja **b** ovat laskettavat ja ulostulo **tulos** on laskutoimituksen tulos. Näistä täytyy muistaa määrittää erittäin tarkasti ja yksikäsitteisesti, missä muodossa tiedot ovat.

2.3 Rakennuspalikoita

Mitä pidemmälle digitaalisuunnittelussa edistyy, sen selvemmäksi käy, että hämmästyttävän pieni määrä perusoperaatioita riittää minkä tahansa digitaalisen järjestelmän toimintaan. Sen enempää riistämättä lukijalta oivaltamisen riemua tulevaisuudessa, voidaan paljastaa, että mikroprosessorinkin toimintaan riittää kolme yksinkertaista perusoperaatiota:

- Lukujen hakeminen ja tallettaminen jonkinlaisiin *muistipaikkoihin.*
- Yksinkertaisten laskutoimitusten (yhteenlasku, vähennyslasku tms) suorittaminen lukujen välillä.
- Vertailutulosten (suurempi kuin, pienempi kuin, yhtä suuri kuin) käyttäminen valitsemaan tasan kahdesta vaihtoehdosta, mitä seuraavaksi tehdään

Tietokoneet ja mikroprosessorit eivät suinkaan ole ainoita digitaalisia järjestelmiä, mutta ne ovat hyvä esimerkki. Tietokoneita ja erityisesti tietokoneohjelmia on niin paljon erilaisia, että jos kaikki tietokoneiden toiminnallisuus voidaan aikaansaada yhdistelemällä tällaisia perusoperaatioita, niin on helppo hyväksyä oletuksena, että sama pätee muihinkin digitaalisiin järjestelmiin[1].

Tämän oletuksen valossa digitaalisten järjestelmien suunnittelu alkaakin toivottavasti tuntua jo mahdolliselta, tai ainakin saada jonkinlaista muotoa. Vaikkei oletusta vielä ymmärtäisi tai edes hyväksyisi, voi jo ainakin toivoa, että tällaisten operaatioiden toteuttaminen on hyödyllistä.

Kokonaisen tietokoneen suunnittelu on kieltämättä suuri ja aika vaativakin tehtävä. Mutta, kuten tuonnempana huomataan, kahden numeron yhteenlaskukoneen suunnittelu onkin järjellä ymmärrettävissä. Jos saamme sellaisen tehtyä, ja vieläpä huomaamme sen olevan hyödyllinen rakennusosanen eli komponentti tietokoneessa, on otettu aimo harppaus kohti monimutkaisempien järjestelmien suunnittelua.

Nyt olemme luodanneet taustoja ja hahmotelleet digitaalisuutta ja digitaalisuunnittelua sen verran, että tiedämme jo jotain siitä, mitä pitäisi tehdä ja yksi työskentelymenetelmäkin meillä jo on: hierarkkinen suunnittelu. Siispä tuumasta toimeen!

1. Ainakin insinööriopiskelijoista suuri osa ohjelmoi jossain vaiheessa elämäänsä mikroprosessoreita '*konekielellä*' ainakin yhden harjoitustyön verran. Tässäpä heille hieman pohdiskeltavaa:
- Väite: "Kaikki ohjelmat voidaan toteuttaa käyttäen ainoastaan yhtä käskyä: vähennä ja hyppää jos tulos on nolla."
- Kysymys: onko väite paikkansapitävä, ja jos on, niin mitä oletuksia prosessorista täytyy tehdä, jotta väite olisi paikkansapitävä?

3 Lukujärjestelmät

Kun kerran edellä on melkoisin sanankääntein päästy vakuuttuneeksi siitä, että kaikkia digitaalisia järjestelmiä yhdistää lukujen käsittely, ja että digitaalisuus-sanakin tarkoittaa numeerisuutta, onkin seuraavana haasteena tutustua pintaa syvemmältä näihin niin sanottuihin 'numeroihin' ja niiden käyttötapoihin: lukujärjestelmiin.

3.1 Positioenkoodattu lukujärjestelmä

Ajatellaanpa vaikka lukua neljätuhattakaksisaataaviisikymmentäkuusi. Luvun suuruusluokasta saa jokainen heti jonkinlaisen käsityksen. Jos se esimerkiksi tarkoittaa kuukausipalkkaa euroissa, se on jo varsin miellyttävä summa. Kirjoitamme sen numeroina näin:

4256

eli raapustamme neljä enemmän tai vähemmän hassun näköistä symbolia peräkkäin. No, ajatellaanpa, että palkanlaskijalle tulee pieni näppäilyvirhe ja hän naputteleekin ruudulleen:

2456

Entä nyt? Ellei palkansaaja ole kovin boheemi, on seurauksena tunnepitoinen puhelinsoitto palkanlaskijalle. Mutta miksi? Tiliotteellahan näkyvät täsmälleen oikeat symbolit, niistä kaksi on vain vaihtanut paikkaa keskenään.

Lukujärjestelmää, jossa symbolien kirjoitusjärjestys vaikuttaa lukuarvoon kutsutaan paikka- eli *positioenkoodatuksi lukujärjestelmäksi*. Sellainen on esimerkiksi käyttämämme kymmenkantajärjestelmä eli desimaalijärjestelmä, jonka Eurooppaan ovat tuoneet arabit. Toinen esimerkki on Etelä-Amerikan intiaanien jo vuosituhansia sitten käyttämä kaksikymmenkantajärjestelmä.

Esimerkkejä lukujärjestelmistä, jotka eivät ole positioenkoodattuja ovat vaikkapa tukkimiehen kirjanpito tai roomalaiset numerot. Roomalaisissa numeroissa symbolien paikoilla on tosin hieman merkitystä (pienempiarvoinen symboli ennen suurempiarvoista lasketaan negatiivisena) mutta ei kuitenkaan samassa merkityksessä kuin vaikkapa kymmenkantajärjestelmässä. Positioenkoodattu lukujärjestelmä voidaan helposti osoittaa paremmaksi kuin järjestämätön. Syy siihen, että historia ei tunne juurikaan roomalaisia matemaatikkoneroja, vaikka he olivatkin teknisesti taitavaa porukkaa, on selvä. MCMLXXXVII + XCVI = MMLXXXIII on vielä jotenkin laskettavissa, mutta vaikkapa kertolasku onkin jo kertaluokkaa haastavampi tehtävä.

Ensi ajattelemalla tuntuu käsittämättömältä, että sellainen lukujärjestelmä kuin roomalaiset numerot on voitu ottaa käyttöön; sanoohan järkikin, että *neljä* tuhatta *kaksi* sataa *viisi* kymmentä *kuusi* kirjoitetaan laittamalla neljä, kaksi, viisi ja kuusi peräkkäin. Kuitenkin täytyy muistaa, että riippuvuus puhutun kielen ja kirjoitettujen merkkien välillä ei ole aina yhtä selvä ja usein kieli seuraakin paikallisessa käytössä ollutta rahajärjestelmää; esimerkiksi yhdeksänkymmentäyhdeksän on ranskaksi quatre-veintdix-neuf eli sanatarkkaan käännettynä neljä-kaksikymmentä-kymmenen-yhdeksän.

Positioenkoodatussa lukujärjestelmässä symboleita ei tarvita (kovin) suurta määrää, koska samat symbolit ovat käytössä luvun suuruudesta riippumatta. Kun edetään oikealta vasemmalle, jokainen uusi symboli tuo lisää informaatiota ilman, että oikeanpuoleisimpia symboleita tarvitsee muuttaa. Äskeisen esimerkkilukumme viimeinen numero on kuusi. Sen vasemmalla puolella on viitonen, yhdessä ne ovat viisi*kymmentä*kuusi (56). Lukujärjestelmän nerokkuus piilee juuri tässä rakenteisuudessa. Myös *symbolien määrän* ja *luvun suuruuden* välillä on yhteys.

3.2 Positioenkoodatun lukujärjestelmän toiminta

Esimerkkilukumme 4256, neljä *tuhatta* kaksi *sataa* viisi *kymmentä* kuusi voidaan hajottaa laskutoimitukseksi:

$$\mathbf{4} \cdot 1000 + \mathbf{2} \cdot 100 + \mathbf{5} \cdot 10 + \mathbf{6} \cdot 1$$

joka itse asiassa on lukujärjestelmän kantaluvun (kymmenen) potenssien summa[1]:

$$\mathbf{4} \cdot 10^3 + \mathbf{2} \cdot 10^2 + \mathbf{5} \cdot 10^1 + \mathbf{6} \cdot 10^0$$

1. Huomaa, että määritelmän mukaan luku korotettuna nollanteen potenssiin on 1.

Pitämällä tämä periaate mielessä huomataan, että luku voidaan esittää missä tahansa lukukannassa, ei ainoastaan kymmenkannassa. Kantaluku voi olla mikä tahansa kokonaisluku. Me olemme, ilmeisesti joidenkin fysiologisten erityispiirteidemme ansiosta, tottuneet laskemaan kymmenkannassa, mutta kymmenkanta sinänsä ei ole mikään erityisen hyvä lukukanta. Itse asiassa kymmenen on ainakin tekniseltä kannalta varsin huono valinta lukujärjestelmän kantaluvuksi. Ainoa laskutoimitus, joka on erityisen helppo kymmenkannassa on kymmenellä kertominen. Esimerkiksi mekaaninen laskukone, joka laskee kymmenkannassa on melkoisen monimutkainen. No, ehkäpä voimme lohduttautua sillä, että seitsemän tai yksitoista olisivat vielä huonompia valintoja, koska ne ovat alkulukuja.

3.3 Binäärijärjestelmä

Digitaalitekniikassa tarvitaan lukujärjestelmä, joka on ennen kaikkea teknisesti helppo toteuttaa. Niin meidän kuin koneenkin täytyy pystyä erottamaan eri numerot toisistaan, jotta niillä voisi tehdä laskutoimituksia. Helpointa symbolien erottaminen on, kun niitä on vain kaksi, nolla ja ykkönen, joten vain kahdella symbolilla operoivien koneidenkin suunnittelu on helpointa. Niinpä lähdemmekin toteuttamaan digitaalitekniikkaa kaksikantajärjestelmällä. Kaksikantajärjestelmää kutsutaan binäärijärjestelmäksi[1]. Binäärikannan yksittäistä numeroa (nolla tai ykkönen) kutsutaan *bitiksi*. Sana 'bitti' tulee englanninkielisestä termistä '***bi****nary dig****it***', binäärinen numero.

1. Etuliite bi- tarkoittaa kahta, vastaavasti kolmikanta on trinääri (joillain kielialueilla 'ternääri'), nelikanta kvartaari jne.

3.4 Binääriluvut

Samoin kuin kymmenkantalukujen, binäärilukujenkin lukuarvo muodostuu kantaluvun potenssien sarjasta. Otetaanpa vaikkapa luku 1001_2. Alaindeksi 2 ilmoittaa, että luku on binääriluku eli sen kantaluku on kaksi. Luku lausutaan "yksi nolla nolla yksi", ei koskaan "tuhatyksi". Sen *lukuarvo* voidaan laskea samalla periaatteella kuin kymmenkantaistenkin lukujen lukuarvo määräytyy:

$$
\begin{aligned}
& 1001_2 \\
& = \mathbf{1} \cdot 2^3 + \mathbf{0} \cdot 2^2 + \mathbf{0} \cdot 2^1 + \mathbf{1} \cdot 2^0 \\
& = \mathbf{1} \cdot 8 + \mathbf{0} \cdot 4 + \mathbf{0} \cdot 2 + \mathbf{1} \cdot 1 \\
& = 8 + 0 + 0 + 1 \\
& = 9_{10}
\end{aligned}
$$

Binäärikannassa lukuarvo on siis kakkosen potenssien sarja. Binäärilukuja käsitellessä tulevat kakkosen ensimmäiset kymmenkunta potenssia tutuiksi. Ne on listattu alla:

$$
\begin{array}{ll}
2^0 = 1 & 2^1 = 2 \\
2^2 = 4 & 2^3 = 8 \\
2^4 = 16 & 2^5 = 32 \\
2^6 = 64 & 2^7 = 128 \\
2^8 = 256 & 2^9 = 512 \\
2^{10} = 1024 &
\end{array}
$$

Viimeksimainittu on sikäli lähellä tuhatta, että SI -järjestelmän tuhatta merkitsevä etuliite *kilo* on jo vuosikymmeniä sitten livahtanut tarkoittamaan myös 1024:ää. Onkin tavanomaista sanoa 'kilobitti', kun tarkoittaa itse asiassa 1024 bittiä.

Nykyisellä gigabittien (2^{30} = 1 073 741 824) aikakaudella tämä käytäntö on alkanut osoittautua jo oikeasti hiukan ikäväksi, tietoliikenneinsinöörin mielestä gigabitti sekunnissa tarkoittaa 1000000000 b/s eikä 1073741824 b/s, jota se tietokoneen muistin suunnittelijan mielestä tarkoittaa.

Vuonna 1998 standardointiorganisaatio IEC teki SI-järjestelmän pohjalta lisäyksen, joka määrittelee binäärisen kilon olemaan '*kibi*' ja sen lyhenne on Ki. Vastaavasti 2^{20} on *mebi* (Mi), ja 2^{30} on *gibi* (Gi)[1]. Tulevaisuus näyttää alammeko oikeasti käyttää puhekielessä gigabittien sijaan gibibittejä. Kirjoitetussa tekstissä lyhenteet Ki, Mi ja Gi eivät enää ole harvinaisuuksia.

3.5 Heksadesimaaliluvut

Ihmisen on hankala hahmottaa pitkiä numerosarjoja. Esimerkiksi luvun 28058746 suuruutta on vaikea mieltää. Tilanne helpottuu jonkin verran, jos tuhansia erottamaan laitetaan erotinmerkit: 28 058 746. Nyt on helpompi hahmottaa, että luku tarkoittaa vähän yli 28 miljoonaa.

Sama pätee myös binääriluvuille. Esimerkiksi luku 0001101000101111_2 on vaikeasti hahmotettava, mutta jaetaanpa sekin pienempiin palasiin: $0001\ 1010\ 0010\ 1111_2$. Tämä aut-

1. IEC 60027-2: *"Letter symbols to be used in electrical technology"*

taa jo jonkin verran, mutta otetaan vielä yksi lisäaskel ja korvataan jokainen bittinelikko[1] omalla symbolillaan. Nelikoita on 16 ja ensimmäisille kymmenelle nelikolle on loogista käyttää kymmenjärjestelmän symboleita '0'..'9'. Lopuille kuudelle on päädytty käyttämään isoja tai pieniä kirjaimia 'a'..'f'.[2]

Kymmenkanta	Binäärikanta	Heksadesimaalikanta
0	0000	0
1	0001	1
2	0010	2
3	0011	3
4	0100	4
5	0101	5
6	0110	6
7	0111	7
8	1000	8
9	1001	9
10	1010	a
11	1011	b
12	1100	c
13	1101	d
14	1110	e
15	1111	f

Ensimmäiset 16 lukua eräissä lukukannoissa

1. Bittinelikkoa nimitetään usein puolitavuksi tai *nibble*ksi.
2. Symbolien 'a"..'f' käyttö yleistyi 1960-luvulla IBM:n System/360 -keskustietokoneiden myötä. Aiemmin niiden kohdalla oli käytetty esimerjiksi yläviivallisia numeroita $\overline{0}..\overline{5}$ tai, kuten vuoden 1956 Bendix G-15 -tietokoneessa, kirjaimia 'u'..'z'.

Näin esittämällä binääriluku $0001\ 1010\ 0010\ 1111_2$ saa *heksadesimaaliesityksen* $1a2f_{16}$. Luku saattaa näyttää kummalliselta, mutta ainakin pienen harjoittelun jälkeen heksadesimaalilukuja on helpompi hahmottaa kuin binäärilukuja, ainakin, jos luvussa on paljon bittejä. Heksadesimaaliluvut on helppo muuttaa binäärikantaan ja takaisin, sillä yksi heksanumero vastaa aina suoraan neljää bittiä. Nämä vastaavuudet on esitelty edellisen sivun taulukossa.

Matemaattisesti oikein on ilmoittaa lukukanta alaindeksillä. Niinpä luku neljäkymmentäkaksi on eri lukukannoissa: $42_{10} = 2A_{16} = 101010_2$. Joskus alaindeksien kirjoittaminen on hankalaa. Esimerkiksi eri ohjelmointikielissä on omat tapansa kirjoittaa eri lukujärjestelmien lukuja. Esimerkiksi C-kielessä heksadesimaaliluvut alkavat 0x -etuliitteellä, esimerkiksi 42 = 0x2a.[1]

Yksi yleisesti käytetty tapa erottaa lukukannat toisistaan on kirjoittaa lukukannan englanninkielisen nimen alkukirjain luvun jälkeen. Niinpä esimerkiksi 42_{10} = 42d (decimal) = 2ah (hexadecimal) = 101010b (binary). Tässäkin on ongelmansa: 42d voisi tarkoittaa myös heksadesimaalilukua 42dh. Yleensä kymmenjärjestelmän luvut kirjoitetaan ilman lukukantatunnistetta ja muihin se merkitään. Siispä 42 = 2ah = 101010b.

1. C-kielessä 8-kantaluvut eli *oktaaliluvut* alkavat nollalla, mikä on joskus yllättävää, kun esimerkiksi 012 ei olekaan kaksitoista vaan kymmenen.

3.6 Lukukannan vaihtaminen

Luku voidaan muuntaa lukukannasta toiseen *jakojäännösmenetelmällä*. Siinä luvun lukuarvoa jaetaan kohdejärjestelmän kantaluvulla ja jakojäännökset otetaan talteen.

Esimerkiksi luku 42 voidaan muuntaa binäärikantaan seuraavasti:

- Jaetaan 42 kahdella. Tulos on 21, jakojäännös on 0.
- Jaetaan 21 kahdella. Tulos on 10, jakojäännös on 1.
- Jaetaan 10 kahdella. Tulos on 5, jakojäännös on 0.
- Jaetaan 5 kahdella. Tulos on 2, jakojäännös on 1.
- Jaetaan 2 kahdella. Tulos on 1, jakojäännös on 0
- Jaetaan 1 kahdella. Tulos on 0, jakojäännös on 1.

Kun tulokseksi on saatu 0, on päästy loppuun. Jakojäännökset muodostavat nyt luvun esityksen uudessa lukukannassa, tässä tapauksessa binäärikannassa siten, että vähiten merkitsevä eli oikeanpuoleisin bitti saadaan ensimmäiseksi. Kymmenkannan luku 42 on siis binäärikannassa 101010_2.

3.7 Yhteenlasku binääriluvuilla

Binääriluvut käyttäytyvät täsmälleen samalla tavalla kuin kymmenkantaluvutkin, joten niillä myös lasketaan samoin. Täytyy vain muistaa, että kun desimaalikannassa pyörähdetään 'yhdeksän' jälkeen ympäri 'yksi-nollaan', binäärikannassa yksi-nolla tulee jo ykkösen jälkeen. Muuten binäärilukuja voi laskea allekkain paperilla samoin kuin ala-asteella opittiin.

Esimerkiksi laskutoimitus 6+7 olisi binäärikannassa 0110+0111. Muistellaanpa peruskoulua ja lasketaan se allekkain:

```
  0 1 1 0
+ 0 1 1 1
---------
```

Aloitetaan oikealta, lasketaan ensin 0 + 1, joka on tietysti 1:

```
  0 1 1 0
+ 0 1 1 1
---------
        1
```

Seuraavaksi 1 + 1 = 10, joten syntyy muistinumero:

```
    1
  0 1 1 0
+ 0 1 1 1
---------
      0 1
```

Seuraavaksi pitää laskea 1 + 1 + 1 = 11, jälleen syntyy muistinumero:

```
  1 1
  0 1 1 0
+ 0 1 1 1
---------
    1 0 1
```

Viimeiseksi lasketaan 1 + 0 + 0 = 1:

```
  1 1
  0 1 1 0
+ 0 1 1 1
---------
  1 1 0 1
```

... jolloin laskutoimitus on valmis. Tulos on $1101_2 = 13_{10}$.

Laskukone laskee laskun periaatteessa täysin samalla tavalla kuin me laskemme allekkain, bitti bitiltä vähiten merkitsevistä biteistä alkaen. Koneen on helpompi laskea binäärikannassa kuin desimaalikannassa, koska sen täytyy osata paljon vähemmän eri tilanteita kuin desimaalikannassa. Esimerkiksi kun kaksi bittiä lasketaan yhteen, mahdollisia tilanteita on vain neljä:

```
0 + 0 =  0
0 + 1 =  1
1 + 0 =  1
1 + 1 = 10
```

Tästä voidaan johtaa taulukko, joka kuvaa näitä tilanteita. Laskennan suorittavan piirin kannalta yhteenlaskettavat ovat sisääntuloja, ulostuloja ovat summa ja muistinumero. Jos nimetään yhteenlaskettavat a:ksi ja b:ksi ja summa s:ksi sekä muistinumero c:ksi, joka tulee englanninkielisestä sanata 'carry', joka tarkoittaa muistinumeroa, saadaan seuraavanlainen taulukko:

a	b	c	s
0	0	0	0
0	1	0	1
1	0	0	1
1	1	1	0

Tällaista taulukkoa kutsutaan *totuustauluksi*. Se kuvaa kaikkia niitä sisääntulojen tiloja, jotka digitaalipiirille ovat mahdollisia, ja ulostuloja, jotka piirin pitäisi kussakin tilanteessa tehdä. Totuustaulu on lähtökohta, jonka perusteella voi alkaa suunnitella laitteelle käytännön toteutusta. Se tehdäänkin myöhemmin tässä kirjassa.

3.8 Kertolasku binääriluvuilla

Binäärilukujen kertominen ei ole vaikeaa. Se on itseasiassa helpompaa kuin kymmenjärjestelmässä, jossa täytyy opetella kymmenen kertotaulua. Binäärijärjestelmän kertotaulut ovat aika lailla yksinkertaisempia kuin kymmenjärjestelmän:

$$\begin{array}{lll} 0 \cdot 0 = 0 & \quad & 0 \cdot 1 = 0 \\ 1 \cdot 0 = 0 & \quad & 1 \cdot 1 = 1 \end{array}$$

Esimerkiksi 101 · 110 laskettaisiin alekkain:

$$\begin{array}{lrrrrr} & & & 1 & 0 & 1 \\ & & \cdot & \underline{1} & \underline{1} & \underline{0} \\ = & & & 0 & 0 & 0 \\ + & & 1 & 0 & 1 & \\ + & \underline{1} & \underline{0} & \underline{1} & & \\ = & 1 & 1 & 1 & 1 & 0 \end{array}$$

Se, että yhteenlaskuvaiheessa yhteenlaskettavia on yhtä monta kuin kertojassa on bittejä, tuottaa hieman vaivaa. Nopeiden kertolaskijoiden suunnittelu on prosessoritekniikassa usein tärkeää. On yksi mikroprosessorien alalaji, jolle nopea kertolasku on erityisen tärkeää. Se on *signaaliprosessorit.* Ne on optimoitu siten, että ne ovat parhaimmillaan käsitellessään fyysisen maailman signaaleja kuten ääntä.

3.9 Negatiiviset luvut

Tähän mennessä on käsitelty vain positiivisia kokonaislukuja. Kuinka sitten negatiiviset luvut esitettäisiin binäärijärjestelmässä? Matemaattisesti ajatellen negatiivinen luku koostuu negatiivisesta etumerkistä (miinuksesta) ja lukuarvosta, esim. $-5_{10} = -101_2$. Digitaalitekniikassa voidaan kuitenkin käyttää vain kahta symbolia, ykköstä ja nollaa eli täytyy kehittää joku tapa, millä miinusmerkki voidaan ottaa huomioon käyttämällä vain nollaa ja ykköstä.

Yksi tapa, jota kokeiltiin ja jossain määrin vielä käytetäänkin, on tallentaa erikseen yksi bitti etumerkille ja loput bitit lukuarvolle. Merkkibitti voidaan sijoittaa vaikkapa luvun eteen ensimmäiseksi bitiksi. Tätä logiikkaa käyttämällä olisi luku 5 nelibittisenä binäärilukuna 0101 ja luku -5 olisi 1101. Tämä toimintamalli johtaa kuitenkin varsin hankaliin teknisiin ongelmiin. Yksi ongelma on, että silloin lukuavaruudessa olisi kaksi nollaa, 0 ja -0, binäärilukuina 0000 ja 1000, mikä hankaloittaa joitakin vertailuja. Toinen, suurempi ongelma on, että esimerkiksi yhteenlaskijan täytyy ottaa ensimmäinen bitti huomioon ja sen perusteella käsitellä lukuarvoa eri lailla, siis joko positiivisena tai negatiivisena. Tästä seuraava monimutkaisuus on vältettävissä valitsemalla erilainen esitystapa negatiivisille luvuille.

Kaikki ovat varmaankin nähneet auton mekaanisen matkamittarin. Jos vaikkapa viisinumeroinen matkamittari on alussa lukemassa 00000 ja se pyörii yhden kierroksen eteenpäin, siinä on 00001, sitten 00002 ja niin edelleen. Mutta mitä tapahtuu, jos se pyöriikin taaksepäin kuten ainakin joidenkin autojen matkamittarit peruutettaessa. 00002 muuttuu ensin 00001:ksi, sitten

00000:ksi ja sitten mittari *pyörähtää ympäri* arvoon 99999, sitten arvoon 99998 ja niin edelleen.

Juuri tätä ajattelutapaa noudattaen saadaan hyvä, tai ainakin teknisesti helposti toteutettava, järjestelmä, joka toimii sekä positiivisille että negatiivisille luvuille. Järjestelmää kutsutaan *kahden komplementtijärjestelmäksi* . Siinä esimerkiksi kymmenjärjestelmän luku -1 esitetään bittikuviona, jonka kaikki bitit ovat ykkösiä.

Kahden komplementti -järjestelmä

Kahden komplementti -järjestelmässä täytyy tietää, kuinka monella bitillä luku aiotaan esittää. Esimerkiksi neljällä bitillä saadaan 16 mahdollista lukua. Jos luvut ovat etumerkittömiä, luvut ovat 0, 1, 2,...,15. Tällaisen luvun käyttäjän täytyy tietää, että luku on nelibittinen ja etumerkitön eli kuuluu joukkoon {0,1,2,...,15}. Merkitään lukua vaikkapa kirjaimella a. Tällöin sanotaan, että a koostuu biteistä a_3, a_2, a_1 ja a_0. Digitaalitekniikassa sanotaan, että a on *vektori* a[3:0] (lausutaan "a kolmesta nollaan")[1] ja sen fyysinen toteutus kytkennässä on *väylä*[2]. Esitystapa ei ole standardi sanan tiukimmassa merkityksessä, mutta se on yleisesti käytössä suunnitteluohjelmissa.

1. *Vektori* tarkoittaa matematiikassa yksinkertaistetusti tietoa joka koostuu useista luvuista. Esimerkiksi koulusta tuttu vektori, joka piirrettiin nuolena kahden pisteen välistä kuvaa lukulistaa, jossa on kaksi lukua: vektorin alkiot "suunta" ja "pituus".
2. *Väylä* tarkoittaa loogisesti yhdessä toimivien usean signaalin (johtimen) joukkoa. Esimerkiksi binäärivektorin eri bitit kulkevat väylällä rinnakkain kukin omassa signaalissaan.

Väylän bitit nimetään alaindeksillä numeroiden nollasta ylöspäin. Vähiten merkitsevä bitti on a_0, seuraava a_1 ja niin edelleen. Alaindeksi tarkoittaa suoraan sitä, monettako kakkosen potenssia bitin painoarvo vastaa.

Etumerkittömyys voidaan ilmoittaa muodollisesti ilmoittamalla väylän lukualue merkitsemällä: “väylälle a[3:0] a ∈ {0,1,2,...,15}”, joka voidaan lausua "väylälle a kolmesta nollaan a kuuluu joukkoon kokonaisluvut nollasta viiteentoista". Oikomalla hiukan mutkia voidaan selvyyden vuoksi merkitä "a[3:0] ∈ {0..15}". Merkintätapa on ehkä matemaattisesti hieman epätarkka, mutta kuitenkin ristiriidaton tässä yhteydessä.

Jos a on kahden komplementtiluku eli siis etumerkillinen, jaetaan lukualue kahtia positiivisiin ja negatiivisiin lukuihin siten, että nollan ajatellaan kuuluvan positiivisiin lukuihin. Nelibittiset kahden komplementtiluvut ovat -8, -7, -6, -5, -4, -3, -2, -1, 0, 1, 2, 3, 4, 5, 6, ja 7. Tällöin merkitään, että a[3:0] ∈ {-8..7}. Huomattavaa on, että pelkästä luvusta itsestään ei voi sanoa, pitäisikö se tulkita etumerkilliseksi vai etumerkittömäksi. Esimerkiksi bittikuvio 1111 tarkoittaa lukua 15 jos se on etumerkitön, mutta lukua -1 jos se on etumerkillinen. **Tulkittaessa** luvun *lukuarvoa* täytyy **tietää** onko kysymys etumerkillisestä vai etumerkittömästä luvusta, mutta järjestelmän hienous on, että useat laskutoimitukset, kuten yhteen- ja vähennyslasku voidaan toteuttaa siten, että *laskennan aikana* eli lukua käsiteltäessä tätä ei tarvitse tietää, vaan laskenta toimii samalla tavalla niin etumerkillisille kuin etumerkittömillekin luvuille. Lisäksi luvuille nollasta seitsemään bittikuviot ovat samanlaiset, joten virheen mahdollisuutta ei niissä ole.

Jos tässä yhteydessä käyttää heksadesimaalilukuja, täytyy olla erityisen tarkkana. Matemaattisesti ottaen ei ole mitään ongelmaa siinä, että kirjoittaa negatiivisia heksadesimaalilukuja, mutta digitaalitekniikassa heksadesimaali-binäärimuunnos tehdään yleensä suoraan bitti bitiltä välittämättä siitä, onko luku etumerkillinen vai etumerkitön. Jos edellämainitulla väylällä on bittikuvio 1111, tarkoittaa se etumerkillisenä lukua -1. Jos muutat sen taskulaskimellasi heksadesimaalimuotoon, saat todennäköisesti luvun, jossa on litania F -kirjaimia (tai siis numeroita). Jos laskimesi näyttö antaa myöten, niiden määrä kertoo kuinka monen bitin tarkkuudella laskimesi lukuja käsittelee.

Tarkkaan ottaen siis f_{16} ei kuulu nelibittiseen etumerkilliseen lukualueeseen. Kuitenkin, koska f_{16} vastaa bittikuviota 1111, se saattaa tilanteesta riippuen tarkoittaa lukua -1_{10}.

Yksi näppärä seikka kahden komplementtijärjestelmässä on, että luvun ensimmäinen bitti itse asiassa toimii merkkibittinä eli ensimmäinen bitti on ykkönen negatiivisille luvuille ja nolla muuten. Tätä voidaan hyväksikäyttää monin tavoin. Esimerkiksi voidaan vertailla kahden luvun a[3:0] ja b[3:0] suuruutta siten, että vähennetään luvut toisistaan suorittamalla vähennyslasku c = a - b (tulos sijoitetaan väylälle c[3:0]). Jos a on pienempi kuin b, tulos on negatiivinen ja bitti c[3] on yksi. Jos luvut ovat yhtä suuret, tulos on nolla (c[3:0] = 0000) ja muissa tapauksissa (c[3]=0 ja ainakin joku biteistä c[2:0] on yksi) on a suurempi kuin b.

Seuraavalla sivulla on taulukko joka kuvaa nelibittisiä kokonaislukuja etumerkittöminä ja kahden komplementtijärjestelmässä.

Vastaluku kahden komplementti -järjestelmässä

Kahden komplementti -järjestelmässä otetaan vastaluku eli vaihdetaan luvun etumerkki kääntämällä ensin kaikki bitit “ym-

bittikuvio	Etumerki-tön arvo	Etumerkil-linen arvo
0000	0	0
0001	1	1
0010	2	2
0011	3	3
0100	4	4
0101	5	5
0110	6	6
0111	7	7
1000	8	-8
1001	9	-7
1010	10	-6
1011	11	-5
1100	12	-4
1101	13	-3
1110	14	-2
1111	15	-1

Nelibittiset luvut etumerkittömiksi ja etumerkillisiksi tulkittuina

päri" eli ykköset nolliksi ja nollat ykkösiksi ja lisäämällä näin saatuun tulokseen 1. Esimerkiksi luku 4 on binäärisenä 0100. Lasketaan sen vastaluku eli -4 seuraavaksi.

Ensin käännetään eli *invertoidaan* kaikki bitit. Tällöin 0100:sta tulee 1011. Seuraavaksi lisätään 1011:een 1. Tulos on 1100, joka taulukosta katsomalla on juuri -4. Tätäkin operaatiota käsitellään tässä kirjassa tarkemmin myöhemmin.

3.10 Reaaliluvut

Aiemmin todettiin, että luvun lukuarvo voidaan esittää sarjana kantaluvun potensseja. Tämä sarja ei suinkaan lopu nollaan, vaan esimerkiksi kymmenkannan luku 54,23 voidaan esittää potenssien sarjana:

$$\begin{aligned} & \mathbf{5} \cdot 10^1 + \mathbf{4} \cdot 10^0 + \mathbf{2} \cdot 10^{-1} + \mathbf{3} \cdot 10^{-2} \\ = & \mathbf{5} \cdot 10 + \mathbf{4} \cdot 1 + \mathbf{2} \cdot 0{,}1 + \mathbf{3} \cdot 0{,}01. \end{aligned}$$

Sama logiikka toimii myös binääriluvuille. Esimerkiksi luku $11{,}01_2$ muodostuu seuraavasti:

$$\begin{aligned} & \mathbf{1} \cdot 2^1 + \mathbf{1} \cdot 2^0 + \mathbf{0} \cdot 2^{-1} + \mathbf{1} \cdot 2^{-2} \\ = & \mathbf{1} \cdot 2 + \mathbf{1} \cdot 1 + \mathbf{0} \cdot 0{,}5 + \mathbf{1} \cdot 0{,}25 \\ = & 3{,}25_{10} \end{aligned}$$

Binäärijärjestelmässä voidaan siis käyttää pilkkua aivan kuten kymmenkannassakin. Pieni, mutta huomionarvoinen seikka on, että pilkkua ei kutsuta desimaalipilkuksi vaan binääripilkuksi.

Aiemmin, kun käsiteltiin negatiivisia lukuja, pohdittiin, kuinka digitaalisessa järjestelmässä tallennettaisiin etumerkki. Reaalilukujen kanssa täytyy vastaavasti pohtia, kuinka talletettaisiin pilkku tai pilkun paikka. Tähän on kaksi menetelmää: *kiinteän* ja *liukuvan* pilkun menetelmät.

Kiinteän pilkun reaaliluvut

Kiinteän pilkun järjestelmä on hyvin yksinkertainen. Oikeastaan siinä on kyse ainoastaan siitä, että luvun yksikön sovitaan tarkoittavan jotain muuta kuin ykkösiä. Esimerkiksi sen sijaan, että henkilön pituus on 1,75 metriä voidaan yhtä lailla sanoa, että henkilön pituus on 175 senttimetriä, jolloin selvitään kokonaisluvulla. Kyse on vain skaalaustekijästä. Pituuden metreinä saa, kun siirtää pilkkua kaksi pykälää vasemmalle, mikäli siis tietää, että luku on ilmoitettu senttimetreinä.

Binääriluvut käyttäytyvät jälleen aivan samoin kuin desimaaliluvut. Esimerkiksi 101,01 + 1,1 lasketaan yhteen pilkun paikka säilyttäen:

```
    1
  1 0 1, 0 1
+     1, 1
-----------
  1 1 0, 1 1
```

Kokonaisluvuilla (ts. ilman pilkkua) laskutoimitus olisi biteittäin aivan samanlainen:

```
    1
  1 0 1 0 1
+ 0 0 1 1 0
-----------
  1 1 0 1 1
```

Esimerkkilaskun tuloksen yksikäsitteisyys voidaan osoittaa siten, että muutetaan ensin yhteenlaskettavat ja tulos kymmenjärjestelmään ja tarkistetaan tulos kymmenjärjestelmässä:

Ensimmäinen yhteenlaskettava:

$$\mathbf{101{,}01_2}$$
$$= \mathbf{1} \cdot 2^2 + \mathbf{0} \cdot 2^1 + \mathbf{1} \cdot 2^0 + \mathbf{0} \cdot 2^{-1} + \mathbf{1} \cdot 2^{-2}$$
$$= \mathbf{1} \cdot 4 + \mathbf{0} \cdot 2 + \mathbf{1} \cdot 1 + \mathbf{0} \cdot 0{,}5 + \mathbf{1} \cdot 0{,}25$$
$$= 4 + 1 + 0{,}25$$
$$= 5{,}25_{10}$$

Toinen yhteenlaskettava:

$$\mathbf{1{,}1_2}$$
$$= \mathbf{1} \cdot 2^0 + \mathbf{1} \cdot 2^{-1}$$
$$= \mathbf{1} \cdot 1 + \mathbf{1} \cdot 0{,}5$$
$$= 1 + 0{,}5$$
$$= 1{,}5_{10}$$

Tulos:

$$\mathbf{110{,}11_2}$$
$$= \mathbf{1} \cdot 2^2 + \mathbf{1} \cdot 2^1 + \mathbf{0} \cdot 2^0 + \mathbf{1} \cdot 2^{-1} + \mathbf{1} \cdot 2^{-2}$$
$$= \mathbf{1} \cdot 4 + \mathbf{1} \cdot 2 + \mathbf{0} \cdot 1 + \mathbf{1} \cdot 0{,}5 + \mathbf{1} \cdot 0{,}25$$
$$= 4 + 2 + 0{,}5 + 0{,}25$$
$$= 6{,}75_{10}$$

Kymmenjärjestelmässä laskettuna 5,25 + 1,5 = 6,75 eli ainakin ‘pilkullisilla’ luvuilla laskettuna tulos on oikein.

Ilman pilkkuja, ts. kokonaisluvuilla, laskettuna laskutoimitus oli $10101_2 + 00110_2 = 11011_2$. Tämä vastaa kymmenjärjestelmässä laskutoimitusta 21 + 6 = 27. Mutta koska pilkun jälkeen oli *kiinteästi* kaksi bittiä, oli viimeisen bitin eli yksikön lukuarvo $2^{-2} = 0{,}25$. Soveltamalla tätä skaalaustekijänä laskutoimitukseen 21 + 6 = 27, saadaan:

$$21 \cdot 0{,}25 \quad + \; 6 \cdot 0{,}25 \; = \; 27 \cdot 0{,}25$$

$$5{,}25 \quad + \quad 1{,}5 \quad = \quad 6{,}75$$

eli täsmälleen sama laskutoimitus, kuin muuttamalla 'pilkulliset' laskettavat kymmenjärjestelmään ennen laskutoimitusta.

Kiinteän pilkun järjestelmän nerokkuus piilee juuri siinä, että ainakin yhteenlaskussa saadaan sama tulos laskemalla reaaliluvuilla tai kokonaisluvuilla, kunhan skaalaustekijä otetaan huomioon lähtöarvoja syötettäessä ja tuloksia tulkittaessa. Näin ollen laskentaan voidaan käyttää "tavallisia" kokonaislukujen laskentayksiköitä.

Kiinteän pilkun kertolasku

Kertolaskussa täytyy pilkun paikkaan kiinnittää erityistä huomiota. Kymmenjärjestelmässä $1{,}5 \cdot 2{,}5 = 3{,}75$. Binäärijärjestelmässä sama laskutoimitus olisi $1{,}1 \cdot 10{,}1 = 11{,}11$. Entä kokonaisluvuilla laskettuna?

Kun pilkku pidetään vakiopaikalla ja käytetään pelkkiä ykkösiä ja nollia, saadaan kertolasku laskutoimitus kokonaislukuina:

bittikuvio	binääriarvo	desimaaliarvo
0000	0,0	0,0
0001	0,01	0,25
0010	0,1	0,5
0011	0,11	0,75
0100	1,0	1,0
0101	1,01	1,25
0110	1,1	1,5
0111	1,11	1,75
1000	10,0	2,0
1001	10,01	2,25
1010	10,1	2,5
1011	10,11	2,75
1100	11,0	3,0
1101	11,01	3,25
1110	11,1	3,5
1111	11,11	3,75

Esimerkki: Etumerkitön lukualue sellaisessa kiinteän pilkun järjestelmässä, jossa on kaksi bittiä kokonaisosalle ja kaksi bittiä reaaliosalle ("Q2.2")

```
          1 0 1 0
        · 0 1 1 0
=         0 0 0 0
+       1 0 1 0
+     1 0 1 0
=     1 1 1 1 0 0
```

joka kymmenjärjestelmässä kokonaisluvuilla laskettuna on $10 \cdot 6 = 60$. Tuloksen lukuarvoa tulkittaessa ei riitä että sen kertoo skaalaustekijällä, kuten yhteenlaskussa tehtiin. Voimme yrittää...

onko $10 \cdot 0.25 \cdot 6 \cdot 0.25$ sama kuin $60 \cdot 0,25$ eli

onko $2,5 \cdot 1,5$ sama kuin $15,0$?

Ei ole. Tuloa laskettaessa täytyy jälleen toimia, kuten koulussa aikanaan opetettiin kertolaskusta kynällä ja paperilla: tuloksessa täytyy olla niin monta desimaalia kuin kerrottavassa ja kertojassa yhteensä on. Tämä muistaen laskutoimitus on binäärisenä:

$$10{,}10_2 \cdot 01{,}10_2 = 11{,}1100_2 = 3{,}7500_{10}$$

eli tulos on oikein, mutta pilkku ei ole enää kiinteällä paikallaan kahden viimeisen bitin vasemmalla puolella. Jos halutaan pitää pilkku kiinteällä paikalla, täytyy tuloksen bittejä siirtää oikealle kaksi bittiä. Tällöin kaksi viimeistä bittiä “putoavat pois” ja pilkku on taas kiinteällä paikallaan.

Tästä nähdään jo selvästi kiinteän pilkun kertolaskun tärkeä sääntö: jos otetaan tulo kahdesta samassa esitystavassa olevasta kiinteän pilkun luvusta ja halutaan, että tulos on samassa esitystavassa, niin tulosta täytyy siirtää oikealle esitystavan reaaliosan bittien määrän verran.

Yksi ongelmallinen seikka binääriluvuissa on, että useimpia reaalilukuja, jotka voi esittää tarkasti kymmenkannassa, ei voi esittää tarkasti binäärikannassa. Tämä *ei* ole binäärikannan heikkous, vaan seurausta siitä, että käyttäessämme sujuvasti kymmenkantaa tulemme käyttäneeksi sellaisia outoja lukuja kuin esimerkiksi 0,1 (yksi kymmenesosa), jotka ovat esimerkiksi luonnossa äärettömän harvinaisia. Täytyy muistaa, että esimerkiksi lukua 1/3 (yksi kolmasosa, kymmenkannassa noin $0,333_{10}$) ei voi esittää tarkasti kymmenkannassa turvautumatta desimaalien loputtomaan sarjaan. Binäärikanta ei ole tässä suhteessa sen ongelmallisempi kuin mikään muukaan lukukanta, ongelmia tuottavat vain muunnokset kymmenkantaan ja takaisin.

Q15-luvut

Digitaalisessa signaalinkäsittelyssä tarvitsee usein käsitellä reaalilukuja väliltä -1 ... +1. Käyttämällä kiinteän pilkun järjestelmää, voidaan näitäkin laskea käyttäen kokonaislukuaritmetiikkaa. Tällainen tarve tulee esimerkiksi kun halutaan tehdä signaalinkäsittelyä kustannustehokkaasti prosessorilla, jossa on vain kokonaislukujen laskentayksikkö.

16-bittisellä prosessorilla käytetään tällöin kahden komplementtiesitystä ja kiinteän pilkun järjestelmää, jossa on pilkun jälkeen 15 bittiä. Tällöin yksi bitti jää etumerkiksi ja loput 15 ovat reaaliosaa. Tätä järjestelmää sanotaan Q15 -järjestelmäksi.[1] Sillä voidaan esittää lukualue [-1 .. 32767:32768] eli noin [-1 .. 0.9999694]. Ikävä yksityiskohta on, että luku 1 (joka on pienimmän negatiivisen luvun -1 vastaluku) ei kuulu lukualueeseen.

32-bittisellä prosessorilla käytettäisiin vastaavasti Q31-järjestelmää.

1. "Q" tulee englannin kielen sanasta 'quotient'

3.11 Liukuvan pilkun reaaliluvut

Joskus sovellus joutuu käsittelemään niin laajaa lukualuetta, että kiinteän pilkun lukujärjestelmä ei riitä. Lukualuetta ei välttämättä myöskään tiedetä etukäteen. Jos halutaan tehdä yleiskäyttöinen algoritmi, joka selviää yhtälailla hyvin pienistä ja hyvin suurista luvuista, tarvitaan liukuvan pilkun järjestelmää.

Liukuvan pilkun järjestelmässä luvun merkitsevät numerot, etumerkki ja pilkun paikka talletetaan erikseen. Liukuluvun lukuarvo lasketaan yleisesti

$$v = s \cdot 2^e \cdot m$$

jossa v on lukuarvo, s on etumerkki (-1 tai 1), e on eksponentti (eli pilkun paikka) ja m on mantissa eli merkitsevät numerot.

Se, missä muodossa s, e ja m esitetään digitaalisessa järjestelmässä, on viime vuosiin asti ollut melko vaihtelevaa (ja on jossain määrin vieläkin). Vasta vuonna 1985 otettiin käyttöön yleinen standardi,[1] joka määrittelee mm. esitystavat 32-bittisille ja 64-bittisille liukuluvuille.

32-bittinen yksinkertaisen tarkkuuden ('*single precision*') liukuluku talletetaan siten, että etumerkille (s) varataan yksi bitti, eksponentille (e) 8 bittiä ja mantissalle (m) 23 bittiä. e on etumerkitön kokonaisluku siten, että lukuarvo voidaan esittää

$$v = (\angle 1)^s \cdot 2^{e \angle 127} \cdot m$$

kun m on kiinteän pilkun luku väliltä $1 \leq m < 2$.

1. ANSI/IEEE 754-1985, IEC 60559:1989

Valitusta mantissan lukualueesta seuraa, että sen kokonaisosa on aina 1 ja ainoastaan reaaliosa täytyy tallettaa. Toinen seuraus on, että nollaa ei em. tavalla voi esittää mitenkään. Siksi eksponentin pienin arvo -127, jolloin e:n bittikuvio on 0000000 on varattu tilanteisiin, joissa halutaan esittää nolla tai hyvin lähellä nollaa oleva arvo, joilla mantissan kokonaisosa on 0. Tästä on se käytännön hyöty, että liukuluku, jonka kaikki bitit ovat nollia on myös lukuarvoltaan nolla. E:n bittikuvio 1111111 on varattu äärettömyyksien ja virhekoodien esittämiseen.

64-bittiset kaksinkertaisen tarkkuuden liukuluvut toimivat olennaisesti samoin, mutta eksponentille on varattu 11 bittiä ja mantissalle 52 bittiä.

Liukulukujen käytöstä

Suurimmassa osassa nykytietokoneita on liukulukulaskentayksikkö. Esimerkiksi yleisesti PC-tietokoneissa käytetyissä Intelin ‘x86’ -sarjan prosessoreissa on ollut sisäänrakennettu liukulukulaskentayksikkö vuonna 1989 julkaistusta 80486DX-prosessorista lähtien. Liukulukulaskennan monimutkaisuuden takia omissa digitaalisissa järjestelmissä kannattaa aina tutkia, voisiko liukulukujen sijaan käyttää kiinteän pilkun lukuja.

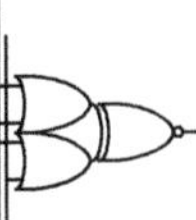

KOMBINATORINEN LOGIIKKA

Digitaalitekniikka voidaan jakaa kahteen osaan, kombinatoriseen logiikkaan ja sekventiaaliseen logiikkaan. Ensimmäiseksi tutustumme kombinatoriseen logiikkaan. Se on ykkösten ja nollien käsittelyä. Kombinatorisessa logiikassa ei käytetä muistia, vaan kaikki laskennan tulokset määräytyvät signaalien senhetkisten arvojen perusteella.

1 Kohti bittien maailmaa

Kirjan ensimmäisen osan perusteella opittiin, että digitaalisuus on numeerisuutta. Se tarkoittaa, että kaikki tieto, mikä digitaalisessa järjestelmässä on, voidaan esittää numeroin. Edelleen opittiin, että kaikki numerot voidaan esittää binäärijärjestelmässä, bitteinä. Tämä on hyödyllistä, koska bitillä on vain kaksi mahdollista arvoa, se on joko nolla tai ykkönen. Koska arvoja on vain kaksi, on helppoa tehdä *laitteita*, jotka käsittelevät bittejä[1].

Juuri yhteys digitaalisiin **laitteisiin** antaa digitaalitekniikalle sen tarkoituksen ja sitä kautta oman sävyn. Matematiikkakin (tai oikeammin laskento) käsittelee lukuja, mutta matematiikassa luvut ovat olemassa vain puhtaina ajatuksina. Digitaalitekniikassa on aina se pohjaoletus, että luvut ovat olemassa *fyysisesti*, esimerkiksi sähköisinä jännitteinä jossain laitteessa, kuten vaikkapa taskulaskimessa. Tämä aiheuttaa rajoituksia lukujen käsittelylle, esimerkiksi laskennan nopeudelle. Filosofisesti voitaisiin sanoa, että digitaalitekniikka on *matematiikan fysiikkaa.*

Toinen tärkeä seikka on, että vaikka digitaalitekniikassa käsitellään numeroita, numeroilla ei välttämättä tarkoiteta **lukuja**. Esimerkiksi yhdellä bitillä voidaan kuvata sitä, onko jokin valo päällä vai ei. Ykkönen voi tarkoittaa, että valo on päällä ja nolla että valo ei ole päällä. Useampien bittien yhdistelmillä voidaan tarkoittaa monimutkaisempia asioita. Esimerkiksi 8 bitin yhdis-

1. Maailman ensimmäiseksi tietokoneeksi usein nimetty ENIAC (1946) ei ollut binäärinen, vaan käytti kymmenjärjestelmää. Esimerkiksi luvun jokaisen numeron näytti käyttäjälle kymmenen lampun rivi, joista yhdessä kerrallaan oli valo. Jo ennen ENIACin valmistumista osoitti kuuluisa tutkija Jon von Neumann, että binäärijärjestelmää käyttävä kone olisi huomattavasti yksinkertaisempi. ENIACin seuraaja EDVAC (1949) käytti jo binäärijärjestelmää.

telmä 01000001 tarkoittaa useimmissa tietokoneissa 'A' -kirjainta.

Seuraavana haasteena on oppia käsittelemään yksittäisiä bittejä. Hämmästyttävää kyllä, bittien käsittelyn periaatteet, joiden varassa tämänkin päivän digitaalitekniikka toimii, kehitettiin jo 1800-luvun puolivälissä. Niiden kehittäjän elämäntarina on itsessään kiehtovaa luettavaa.

1.1 George Boole (1815-1864)

Vuonna 1815 syntyi suutari John Boolen perheeseen poika George. Georgen isän kyvyt eivät rajoittuneet kenkien tekemiseen, vaan hän oli innokas optiikan harrastaja ja aikakaudelleen tyypillisesti rakensi mm. kaukoputkia, kameroita ja aurinkokelloja. John opetti pojalleen matematiikkaa. George osoittautui sangen lahjakkaaksi ja opiskeli matemaattisia aineita ja kieliä. Georgen ollessa 12-vuotias hän osasi latinaa sikäli hyvin, että hänen käännöksensä eräästä Horatiuksen runosta julkaistiin. Hän puhui äidinkielensä englannin lisäksi latinaa, kreikkaa, ranskaa, saksaa ja italiaa ja hyödynsi kielitaitoaan tutustumalla mannermaisiin tieteellisiin julkaisuihin ennen niiden kääntämistä englanniksi. George kävi koulussa alemmat luokat, mutta hänen vanhemmillaan ei ollut rahaa maksaa ylempien luokkien maksuja, joten George opiskeli enimmäkseen itse. 16-vuotiaana hän pääsi apuopettajaksi paikalliseen oppilaitokseen ja 20-vuotiaana avasi ensimmäisen oman koulunsa.

Boole olisi halunnut opiskella matematiikkaa yliopistossa, mutta koska hänen oli nyt elätettävä perheensä, hänellä ei ollut varaa jättää työtään. Hän kuitenkin luki, ja myös kirjoitti Cambridgen yliopiston julkaisuja innokkaasti. Hänen uurastuksensa palkittiin, kun hän vuonna 1849 pääsi itseopiskelleena mutta taitonsa osoittaneena Corkin yliopiston matematiikan professoriksi ja sittemmin dekaaniksi. Hän opetti siellä pidettynä ja arvostettuna elämänsä loppuun asti.

Vuonna 1854 George Boole kirjoitti kuuluisan kirjansa "Investigation of the Laws of Thought" eli vapaasti käännettynä "Ajatuksen lakien tutkimus". Siinä hän esittää matemaattiset laskusäännöt tieteenalaan, jota kutsumme *logiikaksi*. Boolen kiinnostus logiikkaan johtui hänen matemaattisesta lahjakkuudestaan yhdistettynä laajaan kielitaitoon, koska logiikka perinteisenä tieteenalana tarkoittaa lauseiden merkityksien riippuvuuksien analysointia. Esimerkiksi olkoon lause a "Pekka on poika", lause b "Kalle on poika", lause c "Pekka on samaa sukupuolta kuin Kalle" ja lause d "Pekka on Kalle". Voimme helposti todeta, että lause c pitää paikkansa, mutta lause d ei pidä, mutta kuinka todistaa se?

Perinteinen logiikka eli "predikaattilogiikka" tai "lausealgebra" etsii sääntöjä, joilla pyritään todistamaan tosiksi tai epätosiksi lauseita hyväksikäyttäen niiden riippuvuuksia. Koska logiikka lähtee siitä, että lause voi olla vain joko totta tai epätotta, on sillä kaksi mahdollista tilaa. Boole mm. määritteli ne perusoperaatiot, joilla lasketaan muuttujilla, joilla on vain kaksi mahdollista arvoa, tosi ja epätosi. Voidaan sanoa, että hän määritteli totuuksille ja epätotuuksille kertolaskun, yhteenlaskun ja inversion eli totuusarvon kääntämisen. Logiikassa näitä operaatioita kutsutaan nimillä "konjunktio', 'disjunktio' ja 'negaatio'. Digitaalitekniikassa ne ovat saaneet nimet 'JA' eli 'AND', 'TAI' eli 'OR' ja 'EI' eli 'NOT'. Koska myös digitaalitekniikka perustuu elementteihin, joilla voi olla vain kaksi tilaa (nolla ja yksi), on Boolen algebra löytänyt arvoisensa käytännön sovelluksen niiden lukemattomien tietokoneiden, ovilukkojen, kännyköiden ja videokameroiden, jotka tekevät elämästämme nykyisenkaltaista, ohjaavana voimana.

2 Perusportit

George Boole osoitti, että *kaikki* operaatiot, joilla voidaan käsitellä muuttujia, joiden arvo voi olla nolla tai yksi, voidaan tehdä soveltamalla pelkästään kolmea peruslaskentasääntöä, nimittäin jo mainittuja JA, TAI ja EI -funktioita. Tästä seuraa suoraan se, että jos kerran voimme esittää numeroita nollina ja ykkösinä käyttäen binäärilukuja, me voimme myöskin vaikkapa summata, vähentää, vertailla tai vaikkapa laskea neliöjuuren luvuista käyttäen näitä funktioita. Digitaalitekniikassa kutsumme niitä *perusporteiksi*. Tästä saamme erään perussäännön:

Mikä tahansa laskutoimitus, joka ei vaadi muistia *esimerkiksi välitulosten tallettamiseen, voidaan ratkaista käyttämällä kolmea perusporttia **ja**, **tai** ja **ei**.* Ongelmana on vain keksiä, minkälaisia rakennelmia porteista tehdään. Mutta aloitetaanpa itse porttien määrittelystä.

2.1 NOT-portti eli invertteri

NOT-portti eli invertteri

EI-portti, eli invertteri tai *'NOT-portti'*, on yksinkertaisin kaikista loogisista porteista. Siinä on vain yksi sisääntulo ja yksi ulostulo. Invertterin voi ajatella toteuttavan toiminnan "Jos sisään tulee ykkönen niin ulos EI tule ykkönen ja toisinpäin” eli portti “kääntää” ykkösen nollaksi ja nollan ykköseksi. Tämä voidaan kuvata seuraavalla totuustaululla:

a	$\overline{a}$
0	1
1	0

NOT-portin eli inversion totuustaulu

Totuustaulusta käy ilmi myös digitaalitekniikassa laajasti käytetty merkintätapa inversiolle: inversio merkitään vetämällä viiva invertoitavan signaalin päälle[1]. Toinen vaihtoehto olisi käyttää miinusmerkkiä a:n edessä, heittomerkkiä (a’) tai vanhan lausealgebran merkintätapaa ¬a. Näistä mahdollisista merkintätavoista inversioviiva on kuitenkin visuaalisesti selkein, joten sitä käytetään tässäkin kirjassa. On kuitenkin huomattava, että viivojen vetämisen kanssa täytyy olla ehdottoman tarkka ettei syntyisi epäselvyyttä sen suhteen, mikä signaali on invertoitu ja mikä ei, eli mistä inversioviiva alkaa ja mihin se loppuu. Matemaattisesti ajattelevat ihmiset pitävät yleensä parempana käyttää erillisiä sulkuja ja negaatiomerkkiä ¬ tai miinusmerkkiä inversion osoituksena. Useat sisäkkäiset sulut tekevät kuitenkin lausekkeista usein epäselviä, ja hieman kärjistäen ja huumorimielessä voidaan sanoa, että “matemaatikkojen” on helpompi lukea hyvin kirjoitettuja inversioviivoja kuin “tavallisten kuolevaisten” sulkusekamelskaa.

1. Digitaalisissa komponenteissa, kuten mikropiireissä, usein merkitään signaalin *alhaalla aktiivisuus* inversioviivalla. Esim $\overline{\text{RESET}}$ -signaalin ollessa alhaalla piiri nollautuisi. Kun yläviivojen käyttäminen on hankalaa, käytetään usein kauttaviivaa (/RESET) x- tai n-kirjainta (xRESET, RESETx, reset_n,...) ilmaisemaan samaa asiaa.

2.2 AND-portti eli JA

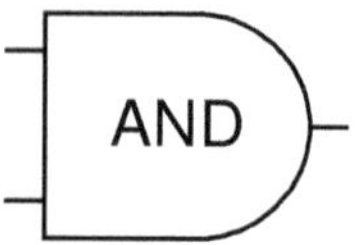

JA-portti eli AND-portti

AND-portissa on useampi kuin yksi sisääntulo. Ylläolevassa kuvassa on kaksi sisääntuloa, mikä on yleisin tapaus, mutta sisääntuloja voi olla useampiakin. Ulostuloja sen sijaan on aina vain yksi.

AND-portin toiminnan voi muistaa lauseesta: "Jos ensimmäiseen sisääntuloon JA toiseen sisääntuloon tulee ykkönen, niin ulos tulee ykkönen, muutoin nolla." Jos sisääntuloja on enemmän kuin kaksi, on ulostulo yksi jos *kaikki* sisääntulot ovat ykkösiä, muutoin nolla.

a	b	ab
0	0	0
0	1	0
1	0	0
1	1	1

2-sisääntuloisen JA-portin eli AND2:n totuustaulu

AND-portti merkitään kuten kertolasku matematiikassa. Kertomerkkiä voi käyttää (a·b) mutta vain tilanteissa, missä se selkeyttää lauseketta. Yleensä kannattaa kaikki "ylimääräiset" merkit jättää lausekkeista pois, jotta ne olisivat helpommin hahmotettavia. Lausealgebraa lukeneille mainittakoon, että AND on sama funktio kuin lausealgebran konjunktio, a ∧ b.

2.3 OR-portti eli TAI

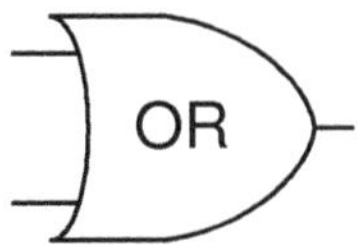

TAI-portti eli OR-portti

OR-portti toteuttaa säännön "Jos edes yksi sisääntuloista on ykkönen niin ulos tulee ykkönen". Toiminnan voi muistaa myös lauseesta "Jos ensimmäiseen sisääntuloon TAI toiseen sisääntuloon tulee ykkönen niin ulos tulee ykkönen, muutoin nolla." "Tai" tarkoittaa tässä niinsanottua *inklusiivista taita*, jossa se tilanne, että *molemmat* sisääntulot ovat ykkösiä, otetaan mukaan.

a	b	a+b
0	0	0
0	1	1
1	0	1
1	1	1

TAI -portin eli ORin totuustaulu

OR merkitään kuten yhteenlasku matematiikassa.

Lausealgebraa lukeneille mainittakoon niin ikään, että OR on sama funktio kuin lausealgebran disjunktio, $a \vee b$.

2.4 Laskujärjestyssäännöt

Loogisten funktioiden laskujärjestys on sama kuin matematiikan vastaavasti merkittyjen funktioiden. Inversio lasketaan ensin ja AND tulee ennen ORia. Suluilla voi muuttaa laskujärjestystä. Inversioviiva toimii niin kuin sen alussa ja lopussa olisi sulut.

ESIMERKKI

Kysymys:
Minkälainen kytkentä toteuttaa loogisen lauseen $c = \overline{ab}$?

Vastaus:
Lauseessa tehdään signaali c signaaleista a ja b. Inversioviiva käsitellään ensimmäisenä joten kaikki mitä on viivan alla invertoidaan yhdellä invertterillä. Viivan alla on a:n ja b:n and -portti.

Kytkennässä tulee siis ensin portti **a AND b**, jonka ulostulo invertoidaan. Lausetta vastaava kytkentä on:

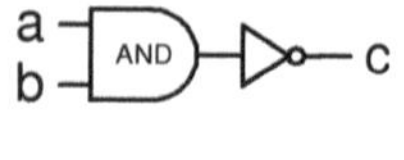

a
b
AND
c

ESIMERKKI

Kysymys:
Millainen kytkentä toteuttaa loogisen lauseen $d = a\overline{b+c}$?

Vastaus:
Normaalisti and-funktio ab käsiteltäisiin ensin, mutta inversioviiva muuttaa tilanteen. Kysymyksessä on **b OR c**:n inversio, joka **and**ataan a:n kanssa.

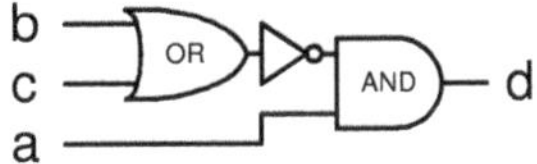

2.5 NAND-portti eli EI-JA

AND, OR ja NOT ovat perusportteja, jotka itsessään riittävät kaiken logiikan tekemiseen, mutta niistä on johdettu muutama hyödyllinen porttipiiri. Yksi näistä on invertoitu AND-portti, eli NAND.

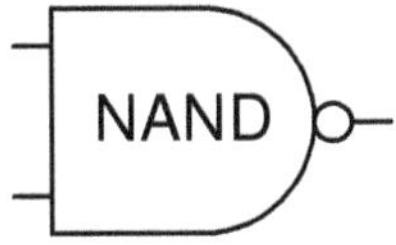

Invertoitu JA-portti eli NAND

NAND -portti muodostetaan lisäämällä invertteri AND-portin ulostuloon. Tämä merkitään lisäämällä invertointipallo ulostuloon. Merkintä vastaa erillisen invertterin lisäämistä AND-porttiin.

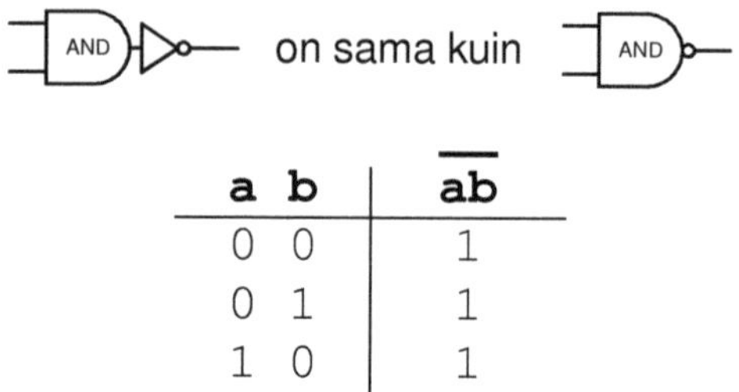

a b	$\overline{ab}$
0 0	1
0 1	1
1 0	1
1 1	0

NANDin totuustaulu

Totuustaulustakin on helppo todeta, että NANDin ulostulo on 1 silloin, kun ANDin ulostulo on 0 ja toisinpäin. Sanotaankin, että NANDin ulostulo on ANDin ulostulon *komplementti* ja NANDin toiminta on ANDin suhteen *komplementaarinen.*

ESIMERKKI

Kysymys:

Mikä kytkentä toteuttaa logiikan $c = \overline{\bar{a}b}$?

Vastaus:

Invertointipalloja voi sijoittaa myös porttien sisääntuloihin, joten kytkentä on näppärä piirtää näin:

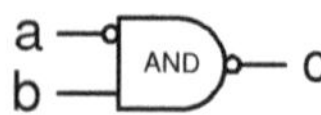

2.6 NOR-portti eli EI-TAI

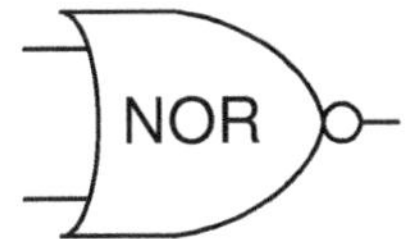

EI-TAI-portti eli NOR-portti

NOR-portti toteuttaa invertoidun OR-portin toiminnan. Sen totuustaulu on:

a	b	$\overline{a+b}$
0	0	1
0	1	0
1	0	0
1	1	0

NORin totuustaulu

2.7 XOR-portti

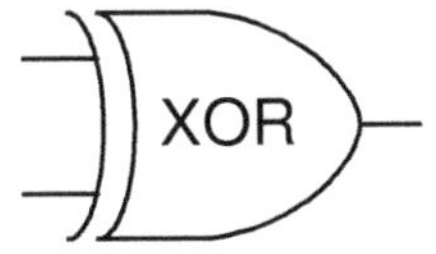

XOR-portti eli eksklusiivinen TAI

Tavallinen OR-portti antaa ulostulon 1 jos jokin sisääntuloista on 1. XOR -portti toimii hieman eri tavalla. XOR -portti, jossa on kaksi sisääntuloa antaa ulostulon 1 jos toinen ja vain toinen sisääntuloista on 1.

a	b	a⊕b
0	0	0
0	1	1
1	0	1
1	1	0

XOR -portin totuustaulu

2.8 XNOR -portti

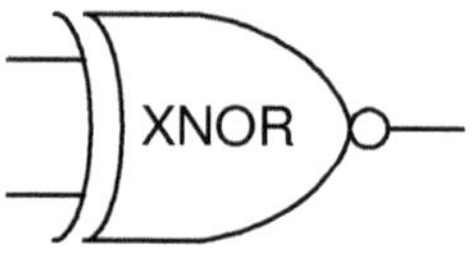

XNOR-portti eli eksklusiivinen EI-TAI

XNOR on invertoitu XOR. Sen totuustaulu on:

a	b	$\overline{a \oplus b}$
0	0	1
0	1	0
1	0	0
1	1	1

XNOR-portin totuustaulu

XOR- ja XNOR -porttien käyttö

XOR ja XNOR -porteille on useita käyttökohteita. XNOR esimerkiksi on kahden bitin yhtäsuuruusoperaattori eli se antaa tuloksen 1 jos sisääntulevat kaksi bittiä ovat molemmat 1 tai 0. XOR on vastaavasti erisuuruusoperaattori.

XOR-portti on myös *ohjattu invertteri*. Jos nimetään sisääntulot a:ksi ja b:ksi, ulos tulee a jos b=0 ja $\overline{a}$ jos b=1.

Jos XOR -portteja kytkee peräkkäin, saadaan mielenkiintoisia kytkentöjä. Esimerkiksi kolmen signaalin XOR toimii seuraavasti:

a	b	c	a⊕b	a⊕b⊕c
0	0	0	0	0
0	0	1	0	1
0	1	0	1	1
0	1	1	1	0
1	0	0	1	1
1	0	1	1	0
1	1	0	0	0
1	1	1	0	1

Kolmen signaalin XOR

Edelläolevassa totuustaulussa on ensin katsottu miten toimii a:n ja b:n XOR. Viimeisessä sarakkeessa on tämä xorrattu c:n kanssa. Kuvasta huomataan, että kolmen sisääntulon XOR-portin, eli XOR3:n, ulostulo on 1 silloin, kun sisääntuloissa ykkösten määrä on pariton. Tätä ominaisuutta voidaan hyödyntää esimerkiksi *pariteettitarkistuksessa.*

Pariteettitarkistus toimii siten, että tallennettaessa tai vaikkapa tietoliikennetekniikassa tietoa lähetettäessä lisätään aina ylimääräinen bitti joka lähetykseen siten, että lähetetyissä biteissä on aina parillinen määrä ykkösiä. Vastaanottopäässä tarkistetaan onko vastaanotetussa lähetyksessä parillinen määrä ykkösiä. Jos näin ei ole, tiedetään, että jotain on mennyt lähetyksessä vikaan.

Kokeile kynällä ja paperilla, osaisitko piirtää 1) pariteettigeneraattorin kolmibittisille sanoille ja 2) sitä vastaavan tarkastajan!

2.9 Useampisisääntuloiset portit

Perusporteille voidaan ristiriidattomasti määritellä toiminnallisuus myös siinä tapauksessa, että niissä on enemmän kuin kaksi sisääntuloa. Silloin portti toimii niin kuin se olisi rakennettu ketjuttamalla kaksisisääntuloisia portteja.

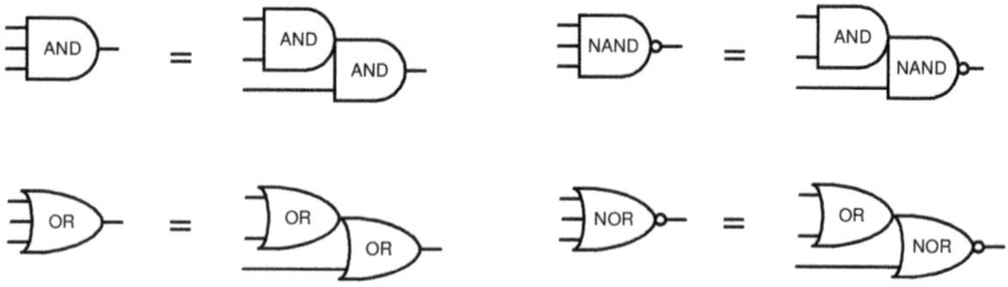

Kolmen sisääntulon portteja

Useamman sisääntulon XOR -portti yleisimmin määritellään samoin kuin yllä. Joskus näkee myös käytettävän määritelmää, jossa useampisisääntuloisen XOR -portin ulostulo on 1 vain jos tasan yksi sen sisääntuloista on 1.

2.10 NAND- ja NOR -porttien ominaisuuksia

NAND ja NOR -porteilla on eräs hämmästyttävä ominaisuus. Kummallakin voi nimittäin *pelkästään kyseistä porttityyppiä käyttämällä* toteuttaa kaiken kombinatorisen logiikan, koska mikä tahansa logiikkaportti voidaan muuntaa NAND- tai NOR-porttirakenteeksi joka toteuttaa saman toiminnon. Tästä syystä NAND- ja NOR-portteja kutsutaan joskus yleis- eli *universaaliporteiksi.* Asia selviää seuraavan sivun esimerkin avulla.

NAND ja NOR ovat myös kaikkein nopeimmat ja halvimmat logiikkaportit mikropiireissä (lukuunottamatta invertteriä), joten niiden käyttöä kannattaa suosia. Tämä johtuu siitä, että lähinnä puolijohdeteknisistä syistä esimerkiksi AND-portti toteutetaan siten, että tehdään ensin NAND-portti, jonka ulostulo invertoidaan.

Jotkut digitaalisten piirien toteutustekniikat tai valmistusmenetelmät, yleisemmin *teknologiat*, soveltuvat erityisen hyvin joko NAND- tai NOR-porttien käyttämiseen. On jopa teknologioita[1], joissa ei voi toteuttaa muita kuin ko. portteja. Silloin on erityisen lohdullista, että muutkin portit voi konvertoida NAND- tai NOR-rakenteiksi. Myöhemmin, puhuttaessa Boolen algebrasta, mainittavat *De Morganin säännöt* auttavat tässä.

1. esim. jotkut muistipiirien valmistusmenetelmät

ESIMERKKI

Kysymys:
Jos hyväksytään, että mikä tahansa kombinatorinen logiikka voidaan toteuttaa käyttämällä vain perusfunktioita AND, OR ja NOT niin osoita, että mikä tahansa kombinatorinen logiikka voidaan toteuttaa käyttämällä pelkästään NAND -portteja.

Vastaus:
Todistukseen riittää, että AND, OR ja NOT -portit voidaan toteuttaa käyttämällä pelkkiä NAND -portteja. Se voidaan tehdä näin:

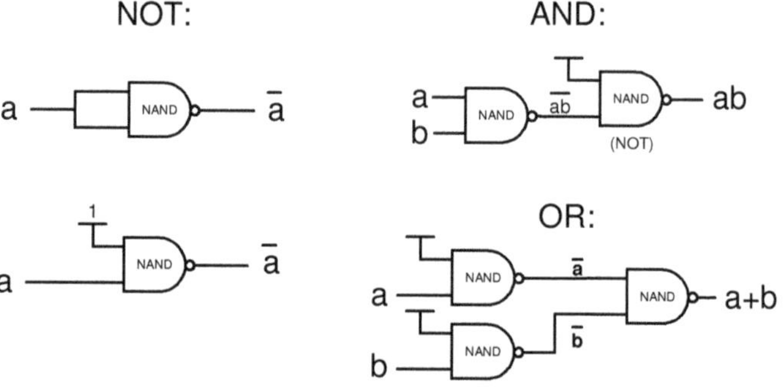

Huomaa, että symboli ᵀ tarkoittaa ylösvetoa eli ykköstä.

2.11 Kytkentöjen piirtämisestä

Suunnittelija joutuu usein piirtämään kytkentöjä kynällä ja paperilla. Lopulliset kuvathan tulevat suoraan suunnitteluohjelmistoista, mutta etenkin suunnitteluprosessin alkuvaiheissa kynä ja paperilehtiö ovat mainioita työvälineitä. Niistä ei lopu akku eikä jumita kovalevy ja tulostustoimintokin on ikäänkuin sisäänrakennettuna.

Erityistä huomiota piirtämiseen täytyy kiinnittää kun esimerkiksi suunnitteluryhmässä jaetaan ajatuksia ryhmän jäsenten välillä. Silloin on syytä muidenkin kuin piirtäjän itsensä saada tuotoksista selvää. Arvokasta aikaa menetetään, jos toistuvasti turvaudutaan lauseeseen: “No minä piirrän sen ja lähetän sen sitten sähköpostilla” kun asian voisi hoitaa heti samassa palaverissa pienen kuvan piirtämällä ja sitten yhdessä asiasta keskustelemalla. Toinen tilanne on se, kun esimerkiksi heittää levynpiirtäjälle aanelosen huikaten, jotta “Teepäs mulle tämmönen.”

Käsin piirrettäessä tärkeintä on selkeys. Selkeyteen kuuluu myös se, että mitään ylimääräistä ei piirretä ellei se nimenomaan selkeytä kuvaa. Esimerkiksi tämän kirjan kuvista poiketen logiikkaporttien nimiä ei kirjoiteta porttien sisään.

Portit piirretään ja ryhmitellään aina, kun mahdollista siten, että signaalit kulkevat vasemmalta oikealle ja ylhäältä alas. Sisääntulot ovat siis vasemmalla ja ulostulot oikealla.

Sekä signaalit että useamman signaalin ryhmät eli *väylät*, joista myöhemmin puhutaan, piirretään ohuina viivoina. Väylän tapauksessa merkitään väylällä kulkevien signaalien määrä väylän yli kulkevalla vinoviivalla ja numerolla. Signaalien risteyskohdissa käytetään tässä kirjassa tapaa, jossa ainoastaan T-risteyksessä on kontakti. + -risteyksessä ei ole kontaktia ellei sitä erityisesti merkitä kontaktipallolla. Mitään kaaria tai puoliympyröitä ei piirretä osoittamaan, että risteävillä signaaleilla ei ole kontaktia

Tässä kirjassa logiikkaporttien nimet, kuten AND tai OR on kirjoitettu porttien sisään opettelua helpottamaan. Normaalisti niitä ei kirjoiteta, vaan portin muoto riittää.

Logiikkatasot 1 ja 0 piirretään siten, että ykköselle käytetään positiivisen jännitteen symboleita T ja ylös osoittava nuoli (ks. kuva alla). T :n tapauksessa on hyvä kirjoittaa “1” symbolin päälle, jottei syntyisi epäselvyyttä, varsinkin jos kaikki lukijat eivät ole tottuneet samaan käytäntöön. Nollaa merkitään signaalimaan symbolilla ⊥ tai joskus negatiivisen jännitteen symbolilla (alas osoittava nuoli). Erityisesti on huomattava, että suojamaan piirtäminen osoittamaan nollaa on huono käytäntö, vaikka sen käyttöä paljon näkeekin.

Logiikkatasot on myös mahdollista piirtää käyttäen sivuttain olevaa päätettä, johon merkitään logiikkataso kuten kuvassa alla.

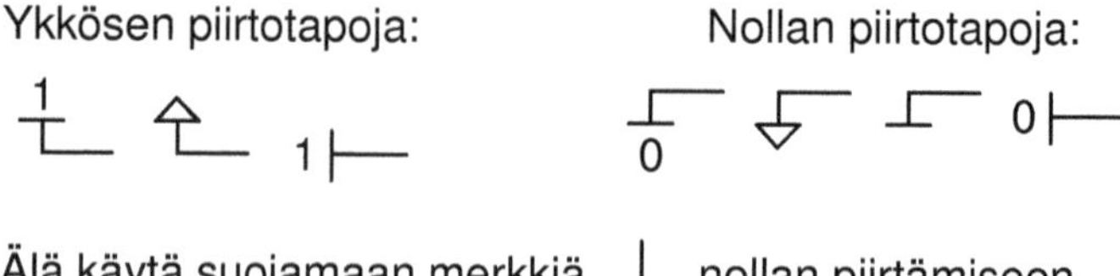

On tärkeä huomata, että porttien ulostuloja ei saa kytkeä yhteen. Paitsi, että sellainen kytkentä on loogisesti järjetön (mikä on ulostulon arvo jos toinen portti ajaa ykköstä ja toinen nollaa?), se saattaa olla myös fyysisesti vahingollinen käytetyille piireille. Ristiriitatilanne saattaa johtaa kasvaneeseen virrankulutukseen, piirien kuumenemiseen ja mahdollisesti rikkoutumiseen. Signaaleissa saattaa esiintyä outoja "välitiloja," jotka eivät ole ykkösiä eivätkä nollia vaan jotain siltä väliltä. Ne edelleen aiheuttavat virhetoimintoja niissä porteissa, joiden sisääntuloihin ne on kytketty.

Joissakin mikropiirityypeissä ulostulojen toisiinsa kytkeminen on sallittua, ja sitä esiintyy erityisesti väylillä, joihin on kytketty useita fyysisesti eri kotelossa olevia komponentteja (esimerkiksi tietokoneen emolevyllä tms.). Tällöin mikropiirin ja väylän kytkentä muodostaa erikseen määritellyn ns. *resoluutiofunktion*: esimerkiksi voi olla määritelty, että alasveto voittaa ylösvedon tms. mikropiirien toteutustekniikasta riippuvaa. Digitaalisuunnittelussa sellaisia ei juuri käytetä, ja jos on tarpeen esimerkiksi simuloida sellaisen piirilevyn toimintaa, niin väylä piirretään omana komponenttinaan, joka toteuttaa määritellyn resoluutiofunktion. Historiallisesti digitaalitekniikassa on käytetty paljon ns. *kolmitilaväyliä*, joihin voi kytkeä useita komponentteja siten, että maksimisaan yksi piiri kerrallaan ajaa väylää, joten sellaisia kytkentöjä saattaa nähdä silloin tällöin. Mikropiirin sisällä sellaiset ovat nykyään sangen harvinaisia niiden hitauden ja häiriöherkkyyden takia. Uusiin piireihin sellaisia ei ole syytä suunnitella.

2.12 Perusporttien toteutustekniikasta

Perusportit ovat aktiivisia piirielementtejä eli ne tarvitsevat sisääntulojensa ja ulostulojensa lisäksi myös käyttöjännitteen ja maan. Jokainen portti toimii myös vahvistimena eli porteista voi tehdä teoriassa äärettömän pitkiä ketjuja. Portit eivät kuitenkaan ole äärettömän nopeita, joten mitä pidempi ketju porteista tehdään, sitä enemmän aikaa kuluu sisääntulon muuttumisesta mahdolliseen ulostulon muuttumiseen.

Perusporttien toteutustekniikasta on puhuttu tarkemmin liitteessä.

3 Boolen algebra

Boolen algebra esittelee ne laskusäännöt, joilla loogisia lauseita käsitellään. Niillä voidaan yksinkertaistaa loogisia lauseita eli saada logiikkakytkentöjä toteutettua pienemmällä porttimäärällä tai löytää samalle logiikalle nopeampia toteutustapoja.

3.1 Boolen algebran laskusääntöjä

Alla on lueteltu joitakin Boolen algebran laskusääntöjä ja niiden selityksiä. Yleensä ne toimivat pareittain siten, että samaa sääntöä voi soveltaa sekä AND- että OR-portille.

1. $ab \in \{0,1\}$ $\qquad a+b \in \{0,1\}$

Lukualueen rajaus. AND- ja OR-porttien ulostulo on binäärinen eli voi saada vain arvot 0 ja 1.

2. $ab = ba$ $\qquad a+b = b+a$

Kommutatiivisuus. Porttien sisääntulojen järjestyksellä ei ole merkitystä.

3. $ab(c) = a(bc)$ $\qquad (a+b)+c = a+(b+c)$

Assosiatiivisuus. Samantyyppiset operaatiot voi suorittaa missä järjestyksessä tahansa.

4. $a(b+c) = ab + ac$ $\qquad a + (bc) = (a+b)(a+c)$

Distributiivisuus. AND- ja OR-lauseista voidaan ottaa yhteinen tekijä. Erityisesti oikeanpuoleinen, OR-portille sovellettava sääntö kannattaa huomata, sillä se poikkeaa matematiikan vastaavasta säännöstä

5. $\overline{(\bar{a})} = a$

Kaksoisinversio. Kaksi inversiota kumoavat toisensa.

6. $a1 = a$ $\qquad a+1 = 1$

Signaali “andattuna” ykkösen kanssa on signaali itse. Signaali “orrattuna” ykkösen kanssa on yksi.

7. $a0 = 0 \qquad a+0 = a$

Signaali andattuna nollan kanssa on nolla (tätä kutsutaan *maskaamiseksi*). Signaali orrattuna nollan kanssa on signaali itse.

8. $aa = a \qquad a+a = a$

Signaali andattuna tai orrattuna itsensä kanssa on signaali itse.

9. $a\overline{a} = 0 \qquad a+\overline{a} = 1$

Signaalin ja sen inversion AND on nolla, koska jompikumpi niistä on aina nolla. Signaalin ja sen inversion OR on yksi, koska jompikumpi niistä on yksi.

Seuraavat säännöt voidaan johtaa perussäännöistä:

10. $a+ab = a \qquad a(a+b) = a$

11. $a+\overline{a}b = a+b \qquad a(\overline{a}+b) = ab$

12. $ab+\overline{a}b = b \qquad (a+b)(\overline{a}+b) = b$

13. $\overline{ab} = \overline{a} + \overline{b} \qquad \overline{a+b} = \overline{a}\,\overline{b}$

Rivin 13 säännöt kannattaa opetella erityisen hyvin. Niitä kutsutaan DeMorganin säännöiksi. Niillä voidaan muuntaa nand-portti nor-portiksi ja toisinpäin.

Lisäksi XOR ja XNOR -portit toteuttavat seuraavat säännöt:

$$a\overline{b} + \overline{a}b = a \oplus b \qquad \overline{a}\,\overline{b} + ab = \overline{a \oplus b}$$

Erityisesti pitää huomata, että $\overline{ab}$ *ei* ole sama kuin $\overline{a}\,\overline{b}$. Inversioviivoja piirrettäessä tällaisissa tilanteissa täytyy olla erityisen tarkkana. $\overline{ab}$ on a:n ja b:n nand, kun taas $\overline{a}\,\overline{b}$ on invertoidun a:n ja invertoidun b:n and, joka DeMorganin säännön nojalla on sama kuin a:n ja b:n nor.

3.2 Esimerkkejä optimoinnista Boolen algebralla

Boolen algebraa oppii parhaiten ratkomalla tehtäviä ja katsomalla esimerkkiratkaisuja. Alla on muutama esimerkki ja Boolen algebraa on käytetty myös muissa esimerkeissä aina kirjan loppuun saakka.

1) $a\overline{b} + ab = a(\overline{b}+b) = a(1) = a$

Ensin otettiin a yhteiseksi tekijäksi säännön 4 nojalla. Seuraavaksi sovellettiin sääntöä 9 orrille ja sitten sääntöä 6 andille.

2) $a\overline{b} + ab + \overline{a}b = a + \overline{a}b = a+b$

Ensin tehtiin samoin kuin edellisessä tehtävässä. Seuraavaksi sovellettiin sääntöä 11. Jos ei haluta turvautua sääntöön 11, voidaan tehtävä ratkaista seuraavasti:

3) $a\overline{b} + ab + \overline{a}b = a + \overline{a}b = (a+\overline{a})(a+b) = (1)(a+b) = a+b$

Edellä sovellettiin sääntöjä 4, 9 ja 6, siinä järjestyksessä.

4) $a\overline{b} + ab + \overline{a}b + \overline{a}\,\overline{b} = a(\overline{b}+b) + \overline{a}(b+\overline{b})$

$= a(1) + \overline{a}(1) = a+\overline{a} = 1$

Tämäkin hoitui säännöillä 4, 9 ja 6.

5) $a\overline{b} + ab + \overline{a}b + \overline{a}\,\overline{b} + abc = 1+abc = 1$

...edellisen tehtävän ja säännön 6 nojalla.

6) $ab + \overline{a}c + bc = ab(1) + \overline{a}c(1) + bc(1)$

$= ab(c+\overline{c}) + \overline{a}c(b+\overline{b}) + bc(a+\overline{a})$

$= a\,b\,c + a\,b\,\overline{c} + \overline{a}\,b\,c + \overline{a}\,\overline{b}\,c + a\,b\,c + \overline{a}\,b\,c$

$= a\,b\,c + a\,b\,\overline{c} + \overline{a}\,b\,c + \overline{a}\,\overline{b}\,c = ab(c+\overline{c}) + \overline{a}c(b+\overline{b})$

$= ab(1) + \overline{a}c(1) = ab + \overline{a}c$

Tässä on erityisesti huomattava, että kolmannella rivillä termit abc ja $\overline{a}bc$ esiintyvät kaksi kertaa joten säännön 8 nojalla "ylimääräiset" voi ottaa pois.

Näin saatu tulos $ab + \overline{a}c + bc = ab + \overline{a}c$ esitetään usein omana sääntönään nimeltä *konsensussääntö*.

7) $abc + a\overline{b}c + acd = ac(b+\overline{b}+d) = ac(1+d) = ac(1) = ac$

Tässä käytettiin yhteisiä tekijöitä ja sääntöjä 9 ja 6.

4 Laskentaa logiikkaporteilla

Koska digitaalitekniikka on loppujen lopuksi numeroiden käsittelyä, on erilaisten laskutoimitusten tekeminen logiikkaporteilla olennaisen tärkeää.

Digitaalinen laskenta on oma tutkimusalansa nimeltään *tietokonearitmetiikka*. Tässä luvussa tutustutaan ainoastaan digitaalisen laskennan perusperiaatteisiin ja kahteen tärkeään peruslaskutoimitukseen, nimittäin kokonaislukujen yhteenlaskuun ja vähennyslaskuun.

4.1 Yhteenlasku logiikkaporteilla

Luvussa 1.4.3 tutustuttiin binäärilukujen yhteenlaskuun ja siellä oli myös esimerkki nelibittisten binäärilukujen yhteenlaskusta kynällä ja paperilla allekkain. Tutkitaanpa nyt, kuinka sama asia toteutettaisiin logiikkaporteilla.

Ensimmäinen haaste on saada lasketuksi yhteen kaksi bittiä a ja b. Kuten luvussa 1.4.3 todettiin, yhteenlaskun tuloksena saadaan kaksi bittiä: summabitti ja muistinumero.

a	b	c	s
0	0	0	0
0	1	0	1
1	0	0	1
1	1	1	0

Kahden bitin yhteenlasku.
Vasemmalla yhteenlaskettavat a ja b,
oikealla tulokset summa ja muistinumero

Taulukossa on esitetty ne neljä eri tilannetta, jotka voivat syntyä kahden bitin yhteenlaskusta, nimittäin 0 + 0, 0 + 1, 1 + 0 ja 1 + 1.

Kuinka tehtäisiin logiikkaporteilla taulukon bitit c ja s? C on helppo, heti huomataan, että c on a:n ja b:n AND. Voimme siis sanoa, että c = ab. S taas saadaan a:n ja b:n XORilla. Niinpä seuraavanlainen kytkentä toteuttaa kahden bitin yhteenlaskun:

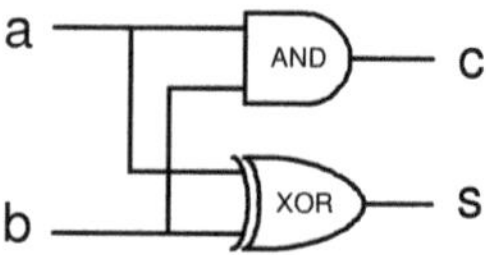

Kaksi bittiä yhteenlaskeva logiikka

Tätä kytkentää sanotaan *puolisummaimeksi* (half adder) syystä, joka käy pian ilmi. Se voidaan piirtää joko pystysuoraan tai vaakasuoraan esimerkiksi näin:

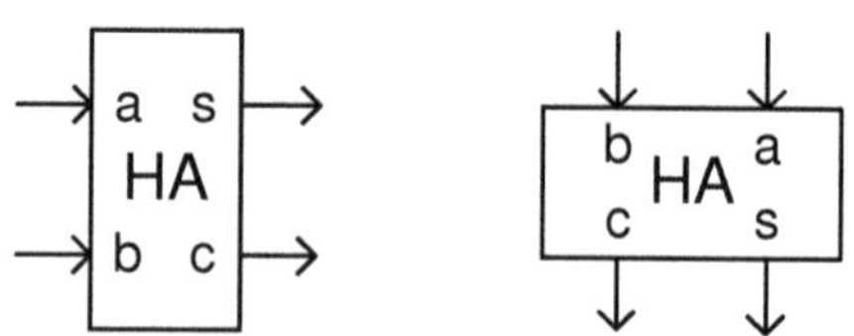

Puolisummaimen piirtotapoja

Näin piirrettäessä täytyy muistaa aina merkitä lohkon sisään sen funktion nimi, jonka lohko toteuttaa, kuten tässä HA (Half Adder) sekä kaikkien sisääntulojen ja ulostulojen nimet.

4.2 Kokosummain

Puolisummaimella voi laskea yhteen kaksi yksittäistä bittiä, mutta entäpä jos pitäisi aikaansaada summain, joka laskee yhteen useampibittisiä lukuja? Ongelmana on, että kun vähiten merkitsevät kaksi bittiä on laskettu yhteen, voi tuloksesta syntyä muistinumero. Laskettaessa yhteen seuraavia bittejä, täytyy ottaa tämä edellisen vaiheen muistinumero huomioon, eli laskea yhteen *kolme* bittiä; yhteenlaskettavat a ja b, sekä *edellisen vaiheen muistinumero, Carry-In*. Tulokseksi saadaan taas kaksi bittiä; summa ja ulos lähtevä muistinumero, *Carry-Out*. Komponentti, joka tämän tekee on nimeltään *kokosummain*, full adder. Koska yhteenlaskettavia bittejä on kolme, on mahdollisia tilanteita kahdeksan:

a	b	c_{in}	c_{out}	s
0	0	0	0	0
0	0	1	0	1
0	1	0	0	1
0	1	1	1	0
1	0	0	0	1
1	0	1	1	0
1	1	0	1	0
1	1	1	1	1

Kokosummaimen totuustaulu

Jos ulostuloja silmäillään hieman, huomataan että s = 1 kun sisääntuloissa on pariton määrä ykkösiä, ja c_{out} = 1 kun sisääntuloissa on vähintään kaksi ykköstä.

Kokosummain voidaan piirtää *laskentakomponentin* muotoiseksi. Laskentakomponentit piirretään hieman V:n muotoisiksi. Muoto kuvaa sitä, että sisään tulee kaksi laskettavaa ja ulos tulee yksi tulos. Ainoa miettimistä vaativa asia on muistinumeron kulkusuunta.

Yleensä kaikki komponentit piirretään siten, että sisääntulot ovat vasemmalla tai ylhäällä ja ulostulot oikealla tai alhaalla ja signaalit piirretään kulkemaan vasemmalta oikealle ja ylhäältä alas. Laskentakomponentit on kuitenkin tapana piirtää samoin päin kuin numerot ovat luvussa eli enemmän merkitsevät vasemmalla ja vähemmän merkitsevät oikealla. Muistinumero kulkee silloin oikealta vasemmalle. Asian suhteen täytyy olla tarkkana.

Piirrämme kokosummaimen näin:

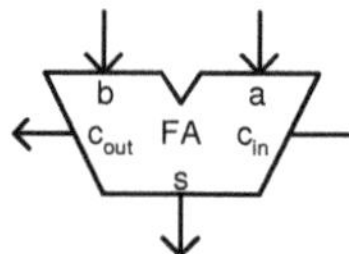

Kokosummaimen piirrossymboli
Laskentakomponenteissa toiminnon nimi (tässä "FA")
täytyy aina kirjoittaa komponentin sisään.

Piirrossymbolin c_{out} -signaaliin piirretty nuoli ei ole standardi, mutta ei harvinaisuuskaan. Piirrä sellaisia vain, kun ne selkeyttävät kuvaa.

Kokosummaimen toteuttava kytkentä

Koska kokosummaimessa on kolme sisääntuloa, on totuustaulussa kahdeksan riviä. Katsotaanpa ensin toista kahdesta ulostulosta, summabittiä s.

Katselemalla totuustaulua havaitaan pian, että ensimmäisellä neljällä rivillä s käyttäytyy kuten b:n ja c_{in}:n XOR. Toisilla neljällä rivillä s on täsmälleen päinvastoin kuin ensimmäisillä neljällä rivillä. Ensimmäisillä neljällä rivillä taas a=0, toisilla neljällä rivillä a=1. Ei ole mahdotonta päätellä, että s voidaan tehdä siten, että otetaan ensin b:n ja c_{in}:n XOR ja sitten invertoidaan tulos jos a=1. XOR -portin käyttöä käsittelevästä luvusta muistetaan, että XOR -porttia voi käyttää ohjattuna invertterinä. Näin saadaan toimiva kytkentä, joka toteuttaa s:n:

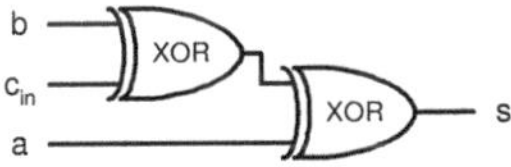

Kokosummaimen summabitin muodostava logiikka

Ulostuleva muistinumero c_{out} on hieman hankalampi. Sille ei löydy päättelemällä samalla tavalla optimaalista ratkaisua kuin summabitille. Ratkaisua lähdetään etsimään hakemalla totuustaulusta kaikki ne rivit, joilla c_{out} on 1. Niitä löytyy neljä. C_{out} on 1 kun [a, b, c_{in}] on jokin tilanteista {011, 101, 110, 111}.

Looginen funktio, joka toteuttaa funktion saadaan, kun luetaan toiminta seuraavasti:

C_{out} on 1 kun a=0 JA b=1 JA c_{in}=1 **TAI** a=1 JA b=0 JA c_{in}=1 **TAI** a=1 JA b=1 JA c_{in}=0 **TAI** a=1 JA b=1 JA c_{in}=1.

Tästä saadaan looginen lause, joka toteuttaa toiminnan:

$$c_{out} = \bar{a}bc_{in} + a\bar{b}c_{in} + ab\bar{c}_{in} + abc_{in}$$

Lausetta vastaa kytkentä:

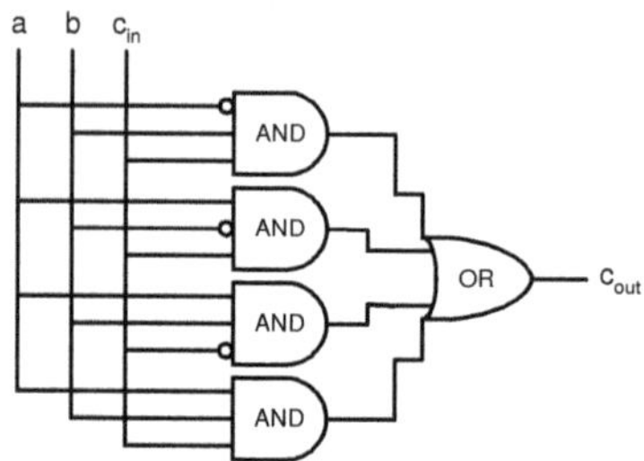

Kokosummaimen muistinumerobitin muodostava logiikka

Kokosummaimen optimointi Boolen algebralla

Summabitin muodostavalle logiikalle syntyi näppärä ratkaisu kolmisisääntuloisella XORilla. Muistinumerolle ei löydy yhtä hyvää ratkaisua. Logiikkaa voi kuitenkin optimoida Boolen algebralla. Katsotaanpa kuinka saataisiin pienennettyä kytkennän porttimäärää. Aloitetaan totuustaulusta katsotusta "triviaaliratkaisusta" ja muokataan sitä Boolen algbralla:

$$
\begin{aligned}
c_{out} &= \bar{a}bc_{in} + a\bar{b}c_{in} + ab\overline{c_{in}} + abc_{in} \\
&= c_{in}(\bar{a}b + a\bar{b}) + ab(\overline{c_{in}} + c_{in}) \\
&= c_{in}(a \oplus b) + ab(1) \\
&= \underline{c_{in}(a \oplus b) + ab}
\end{aligned}
$$

Tästä saadaan toinen toimiva kytkentä:

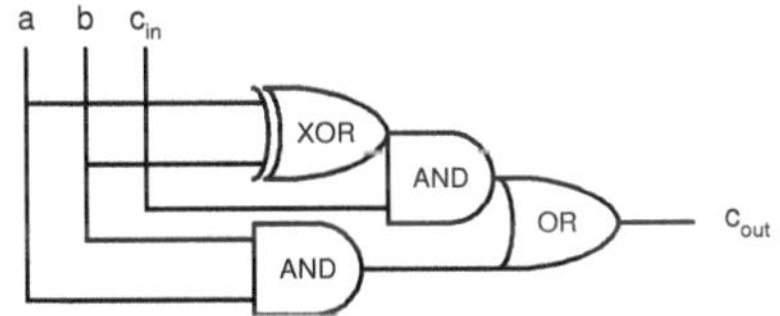

Vaihtoehtoinen tapa muodostaa kokosummaimen muistinumerobitti

Kytkentä toteuttaa saman logiikan kuin edellisen sivun kytkentä, mutta niillä on kuitenkin paljon eroja. Käydäänpä niitä läpi:

Uudessa kytkennässä on vähemmän portteja. Siitä seuraa, että uusi kytkentä on todennäköisesti halvempi toteuttaa kuin vanha kytkentä, mutta ei välttämättä. Kustannus riippuu siitä, miten kytkentä aiotaan lopulta fyysisesti toteuttaa, eli minkälaiselle *teknologialle* suunnitellaan. On monta tapaa saada kytkentä toteutettua. Sen voi rakentaa erillisistä porttipiireistä piirilevylle. Sen voi rakentaa erillistransistoreista piirilevylle. Sen voi suunnitella jollekin *ohjelmoitavalle logiikkapiirille*, joita on paljon erilaisia ja kaikilla erilaiset ominaisuudet. Sen voi suunnitella omalle mikropiirille eli *ASICille*[1] käyttäen jotain *standardisolukirjastoa,* kuten *standardiporttikirjastoa tai standarditransistorikirjastoa.* Viimeisenä vaihtoehtona sen voi piirtää suoraan piille niinsanottuna *layouttina* tai tuttavallisemmin "*leiskana*" eli suunnitella ja piirtää itse kaikki ne mikropiirin puolijohde-, eriste- ja metallikerrokset, jotka muodostavat transistoreja, portteja, kytkentöjä ja lopulta koko toiminnan. Kaikissa näissä toteutustavoissa on eroja sen suhteen, mikä on halpaa ja mikä on nopeaa. Lopullisen selvyyden asiasta saa vasta, kun tietää tarkalleen kohdeteknologian ominaisuudet.

Uudessa kytkennässä on enemmän peräkkäisiä portteja kuin vanhassa. Tämä tarkoittaa, että uusi kytkentä on todennäköisesti hitaampi kuin vanha kytkentä. Signaalin kulkiessa sisääntuloista ulostuloihin se joutuu kulkemaan useamman portin läpi kuin vanhassa kytkennässä. Koska portit eivät ole äärettömän nopeita, jokainen portti aiheuttaa viivettä ja koko toiminta on hitaampaa. Tämä on erityisen ikävää laskentakomponentin muistinumerologiikassa, koska niitä yleensä ketjutetaan peräkkäin ja muistinumero joutuu kulkemaan koko ketjun läpi.

Uudessa kytkennässä on epäsymmetrisempi signaalipolukko. Tämä tarkoittaa, että sisääntuloista ulostuloon on eripituisia reittejä. Signaali kulkiessaan nopeaa reittiä aiheuttaa joissain tilanteissa esimerkiksi sen, että ulostulo vaihtaa tilaansa. Kun hitaampaa reittiä tuleva signaali saapuu viimeiseen porttiin, se saattaa saada ulostulon taas vaihtamaan tilaansa. Tästä aiheutuu ylimääräisiä tilanvaihdoksia ulostulossa. Ulostulo tasaantuu lopulliseen arvoonsa, kun hitaintakin polkua kulkeva signaali saapuu perille. Mitä enemmän kytkennässä on tällaista *ajoituksellis-*

1. Application Specific Integrated Circuit, "Sovelluskohtainen mikropiiri" eli asiakaskohtainen mikropiiri eli *asiakaspiiri*

ta epäsymmetriaa, sitä enemmän ulostulossa esiintyy ylimääräisiä häiriöitä eli *glitchejä*, joista on kaikenlaista pientä harmia, niin kuin myöhemmin tulemme havaitsemaan.

Tenttiin tulevan opiskelijan pahin painajainen olisi kysymys, joka alkaa sanoilla "Mikä on paras kytkentä, joka toteuttaa logiikan..." Siihen ei **voi** vastata yksiselitteisesti. Paras minkä suhteen? Hinnan, nopeuden vai ajoitussymmetrian? Porttien määrän vai porttien monimutkaisuuden? Vaiko lopullisen toteutuksen transistorien määrän (loppujen lopuksihan mikropiirillä toiminnan toteuttavat transistorit)? Kenties porttien tyypin. Jossain prosessissa saattaa olla suunnattoman nopeaa ja halpaa tehdä esimerkiksi NOR -portteja, mutta kaikki muu on kallista ja hidasta. Jokin ohjelmoitava logiikkapiiri saattaa pystyä toteuttamaan vain tietyntyyppisiä kytkentöjä. Vastaus saadaan vasta, kun tunnetaan tarkasti minkälainen toteutus kytkennälle tarvitaan ja mitkä ominaisuudet ovat tärkeitä. Ja lisäksi lopullinen varmuus voidaan kenties saada ainoastaan kokeilemalla; tehdään kytkentä ja mitataan miten se toimii.

Yksi digitaalitekniikan hienoimpia ja hirveimpiä asioita on, että saman toiminnon voi tehdä kirjaimellisesti rajattomalla määrällä eri tapoja. Todellista ammattitaitoa onkin pystyä arvioimaan eri toteutustapojen ominaisuuksia ja hyviä ja huonoja puolia. Tämä taito kehittyy huippuunsa vasta kokemuksen karttuessa, mutta alusta saakka voi oppia kiinnittämään huomiota niihin seikkoihin, jotka vaikuttavat siihen, kuinka hyvä toteutus on. Niitä ovat kaikki edellämainitut seikat.

4.3 Nelibittinen summain

Kokosummain on komponentti, joista voidaan rakentaa ylemmän tason komponentti, joka laskee yhteen useampibittisiä lukuja. Samalla tavalla kuin käsin allekkain laskemalla yhteenlasku bitti bitiltä, aina vasemmalle siirtyen, muistinumerot huomioon ottaen, saadaan sama toiminto aikaan ketjuttamalla kokosummaimia seuraavasti:

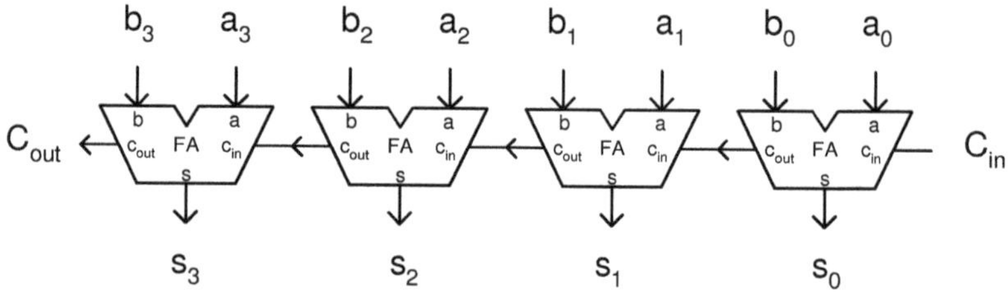

Kokosummaimista rakennettu nelibittinen summain

Kytkentä toteuttaa nelibittisen yhteenlaskun eli muodollisesti määriteltynä seuraavan operaation: “väylille a[3:0], b[3:0], s[3:0] joille a,b,s $\in$ {0..15} tai a,b,s $\in$ {-8..7} on s=a+b.” On huomattava, että + -merkki tarkoittaa tässä tapauksessa *aritmeettista summaa* eli yhteenlaskua *loogisen summan* eli TAI-operaation sijaan. Sisääntulot kytketään biteittäin vähiten merkitsevästä bitistä oikealta aloittaen siten, että yhteenlaskettavien a ja b vähiten merkitsevät bitit a_0 ja b_0 kytketään oikeanpuoleiseen kokosummaimeen, seuraavat bitit seuraavaan kokosummaimeen ja niin edelleen. Muistinumero ketjutetaan koko ketjun läpi. Huomaa, että bittien numerointi aloitetaan nollasta. Tällöin alaindeksi osoittaa monesko 2:n potenssi bitin lukuarvo on.

Tätä summainkytkentää kutsutaan *ketjutetun muistinumeron summaimeksi* eli *ripple carry adderiksi*. Kytkennän nopeuden määrää muistinumero, jonka täytyy kulkea kaikkien vaiheiden läpi ennen kuin lopullinen tulos asettuu väylälle s. Tällöin sanotaan, että muistinumeron kulkupolku on kytkennän *kriittinen polku*, eli se signaalin kulkureitti, joka määrää komponentin nopeuden. Mitä useampibittinen summain on, sitä hitaampi se on.

Etenemisviive

Jos yksittäisen kokosummaimen muistinumeron *etenemisviive*, eli *propagation delay*, t_{pd} on vaikkapa viisi nanosekuntia, on koko kytkennän etenemisviive $T_{pd} = 4 \cdot 5$ ns = 20 ns olettaen että summabitin etenemisviive on 5 nanosekuntia tai alle. Jotta kytkentä toimisi, sille täytyy antaa etenemisviiveen verran aikaa sisääntulojen asettumisesta ennen kuin tulos voidaan lukea. Tästä saadaan kytkennälle sen *maksimikellotaajuus*, f_{max}. Maksimikellotaajuus on etenemisviiveen käänteisluku, eli:

$$f_{max} = \frac{1}{T_{pd}} = \frac{1}{20\text{ns}} = \frac{1}{20 \cdot 10^{-9}} \frac{1}{\text{s}}$$

$$= 0,05 \cdot 10^{9}\ \text{Hz} = 50 \cdot 10^{6}\ \text{Hz} = 50\ \text{MHz}$$

Toisin sanoen komponentille voi tarjota uutta laskettavaa maksimissaan viidenkymmenen megahertsin taajuudella.

Etenemisviiveet johtuvat komponenttien hitaudesta. Esimerkiksi kahden invertterin muodostamassa ketjussa invertterien (ja myös johdotuksen) viiveet vaikuttaisivat signaalin kulkuun:

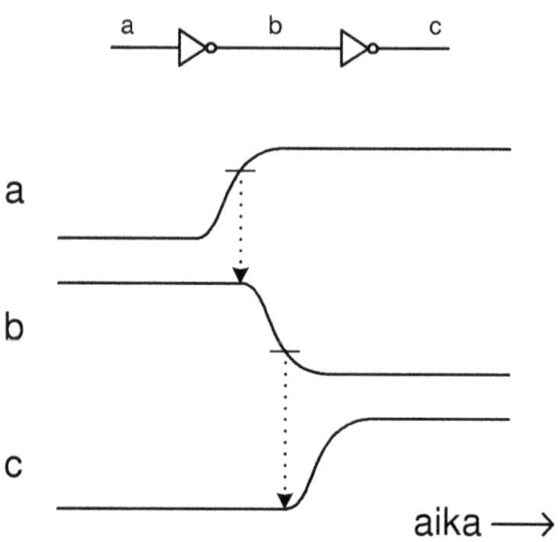

Kahden invertterin ketju ja ajoituskaavio

Se, minkälainen jännite eri toteutusteknologioissa tulkitaan nollaksi tai ykköseksi, vaihtelee teknologioittain. Yleisimmin piirroksissa muutoskohtana nollan ja ykkösen välillä käytetään puoliväliä. Tässä on haluttu korostaa viivettä, mutta kuitenkin kuvassa oleva ajoituskaavio on realistinen joillekin toteutustekniikoille[1]. Todellisuudessa viive riippuu myös siitä, kuinka moneen sisääntuloon ulostulo on kytketty, lämpötilasta, käyttöjännitteestä ja muista ympäristötekijöistä. Signaalin nousu- ja laskuajat saattavat myöskin poiketa toisistaan. Tarkka ajoitusanalyysi on hankala, ja se jätetäänkin yleensä tietokoneen huoleksi, eikä silläkään saada absoluuttisen tarkkaa tulosta. Tästä huolimatta ajoituskavioita piirrettäessä on hyvä ottaa tavaksi piirtää signaaleihin äärelliset nousu- ja laskuajat täysin pystysuorien transitioiden sijaan.

1. Kuva on realistinen esim. ns. Schmitt -sisääntuloiselle logiikalle.

Muistinumeron käyttö

Huomionarvoinen seikka on, että summainkytkentään on piirretty myös muistinumerot sisään ja ulos. Kun nämä signaalit ovat käytettävissä, voidaan nelibittisiä summaimia edelleen ketjuttaa ja tehdä näin vaikkapa kahdeksanbittinen tai 16-bittinen summain. Ketjuttaminen voidaan tehdä myös niin, että lasketaan ensin nelibittisellä summaimella neljä vähiten merkitsevää bittiä ja otetaan tulos ja muistinumero talteen komponentteihin, joita kutsutaan *rekistereiksi* ja joista puhumme myöhemmin. Seuraavassa vaiheessa ladataan summaimen sisääntuloihin neljä seuraavaksi eniten merkitsevää bittiä ja edellisen vaiheen muistinumero. Toimintaa voi jatkaa periaatteessa loputtomiin. Mikroprosessorit hyödyntävät usein tätä tekniikkaa.

Toiminta positiivisilla ja negatiivisilla luvuilla

Kappaleessa 1.3.4, joka kertoi kahden komplementtijärjestelmästä huomautettiin, että kahden komplementtijärjestelmän vahvuus on negatiivisten ja positiivisten lukujen yhteensopivuus ja toimivuus samassa laskentakomponentissa. Jos sisääntulot ovat kahden komplementtijärjestelmässä, ulostulotkin ovat kahden komplementtijärjestelmässä. Huomattava on, että molempien sisääntulojen pitää olla joko etumerkittömiä tai kahden komplementtijärjestelmässä, toinen ei saa olla toisessa ja toinen toisessa.

Ylivuoto

Jos nelibittisellä summaimella lasketaan vaikkapa etumerkittömät luvut 15 + 15, tulos on 30, joka ei mahdu väylälle. Silloin sanotaan, että on tapahtunut *ylivuoto* (englanniksi *overflow*).

Kahden komplementtijärjestelmässä nelibittinen lukualue on {-8..7}, joten esimerkiksi 5 + 5 = 10 ei mahdu väylälle ja on tapahtunut *positiivinen ylivuoto*. Samoin myös -5 + (-5) = -10 ei mahdu väylälle ja on tapahtunut *negatiivinen ylivuoto*. Ylivuototilanne tunnistetaan siitä, että sisääntulojen etumerkit ovat samat ja ulostulon etumerkki näyttäisi olevan eri kuin sisääntulojen etumerkki. Luvut, joilla on eri etumerkki eivät voi tuottaa ylivuotoa. Esimerkiksi -8 + 7 on -1, joka mahtuu väylälle.

Koska kahden komplementtijärjestelmässä negatiivisen luvun ylin bitti on aina 1, saadaan etumerkki siitä selville. On käytännön kannalta hyödyllistä, jos laskentakomponentti osaa kertoa suoraan onko tulos negatiivinen vai ei, onko tulos nolla vai ei ja onko tapahtunut ylivuoto. Tällaisia apu-ulostuloja kutsutaan usein *lipuiksi*. Sana kuvaa sitä, että “ylhäällä” oleva lippu kertoo lipun nimen kuvaaman tilanteen tapahtuneen. Kytkentä, joka toteuttaa nämä toiminnot on kuvattu viereisellä sivulla.

Koska negatiivista tulosta osoittava lippu tulee suoraan tuloksen eniten merkitsevästä bitistä, ei se fyysisesti ole eri signaali kuin s_3. Loogisesti se kannattaa kuitenkin piirtää erilleen selkeyden takia.

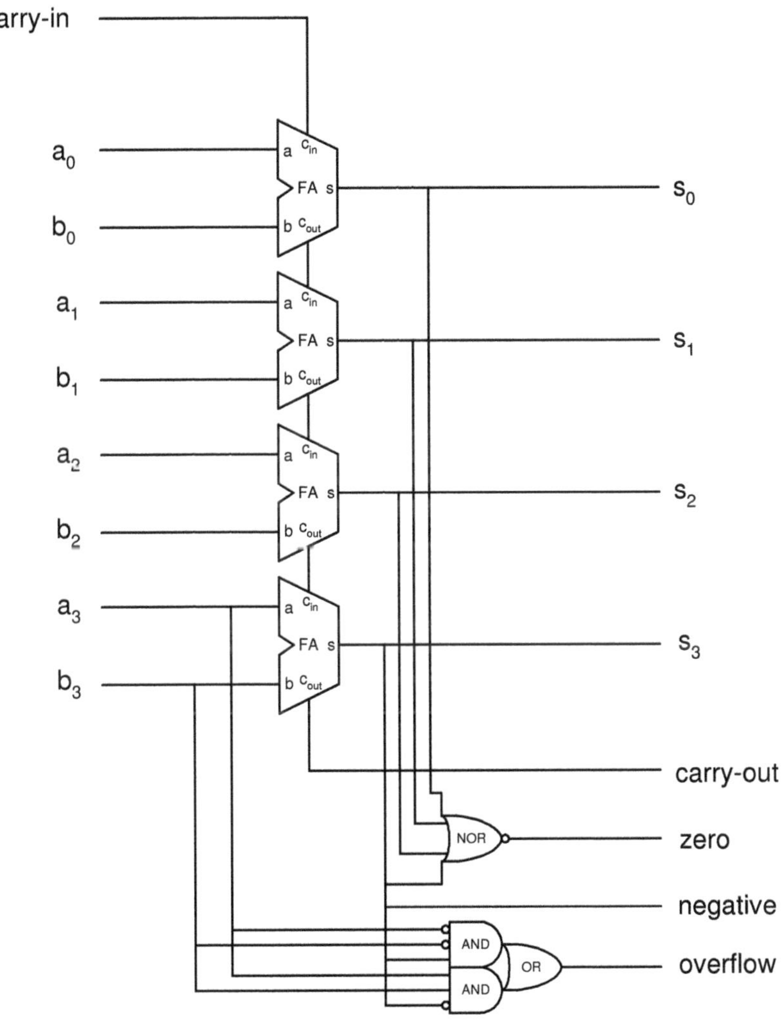

Nelibittinen summain, jossa on käyttökelpoisia ulostulolippuja

4.4 Summain hierarkkisena komponenttina

Kirjan alkupuolella varoitettiin jo, että jos kaikki kytkennät piirrettäisiin vaikkapa vain perusporteista kokoamalla, niistä tulisi ennen pitkää varsin suuria ja vaikeaselkoisia. Sen sijaan yleisistä toiminnoista kannattaa piirtää omat komponenttinsa, ja niistä voi taas koota vielä suurempia komponentteja.

Summain on siitä hyvä esimerkki: ensin piirrettiin logiikkaporteista kokosummain. Sitten piirrettiin kokosummaimista ja logiikkaporteista nelibittinen summain. Se voidaan niin ikään piirtää omaksi komponentikseen näin:

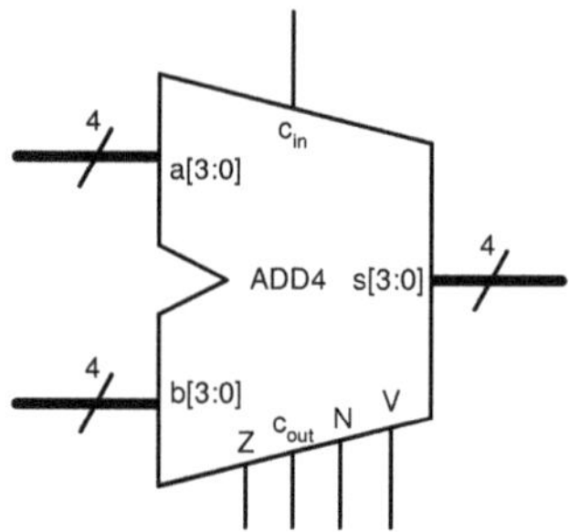

Nelibittinen summainkomponentti

Komponentin nimi, ADD4 näkyy sen sisällä. Komponentissa on sisääntulot a ja b sekä ulostulo s piirretty *väylinä*. Suunnitteluohjelmissa väylät esitetään paksummilla viivoilla kuin yksittäiset signaalit. Kynällä piirrettäessä ei pidä piirtää väylää sen paksummaksi kuin tavallistakaan signaalia, mutta sen sijaan väylän *leveys* pitää merkitä väylään vinolla poikkiviivalla ja numerolla, joka kertoo montako signaalia väylällä kulkee. Tämän tiedon antaa toki myös komponentin sisällä oleva teksti, esimerkiksi a[3:0]. Mutta selvyyden vuoksi väylän leveys pitää merkitä väylälle ainakin kerran, sekä aina silloin, kun se lisää kuvan selkeyttä, ja erityisesti silloin, kun väylän leveydestä voi olla epäselvyyttä. Väylän leveyden seuraaminen auttaa myös huomaamaan mahdollisia suunnitteluvirheitä.

Muut signaalit, kuin yhteenlaskettavat ja tulos, noudattavat kuvassa tavallista nimeämiskäytäntöä. C_{in} on sisääntuleva muistinumero (carry in). C_{out} on ulostuleva muistinumero (carry out). Z (Zero) on nollalippu. N (Negative) on merkkilippu, joka kertoo onko tulos negatiivinen. V (oVerflow) on ylivuotolippu, joka kertoo, että tulos ei mahtunut ulostuloväylälle.

4.5 Vähennyslasku

Vähennyslasku voidaan toteuttaa hyväksikäyttäen määritelmää a - b = a + (-b) eli vähennyslasku voidaan tehdä summaimella, jos ensin otetaan toisesta laskettavasta vastaluku eli negaatio.

Vastaluku

Kahden komplementtijärjestelmässä vastaluku tehdään invertoimalla ensin kaikki bitit eli ottamalla luvusta yhden komplementti ja lisäämällä näin saatuun tulokseen 1. Esimerkiksi 5 on binäärisenä 0101, sen komplementti on 1010, komplementti + 1 on 1011, joka on kahden komplementtijärjestelmässä -5. Vastaluvun voi toteuttaa puolisummaimista seuraavalla kytkennällä:

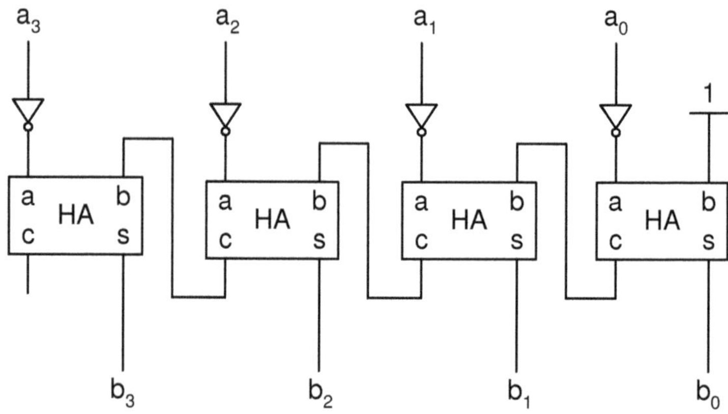

Puolisummaimista rakennettu negaatio- eli vastalukufunktio

Kytkentä toteuttaa funktion b = -a. Edelleen, koska viimeistä syntyvää muistinumeroa ei tarvita ja ensimmäisen puolisummaimen toinen sisääntulo on aina 1, kytkentä optimoituu porttitasolla seuraavaksi, kun vielä kaikki invertterit optimoidaan pois:

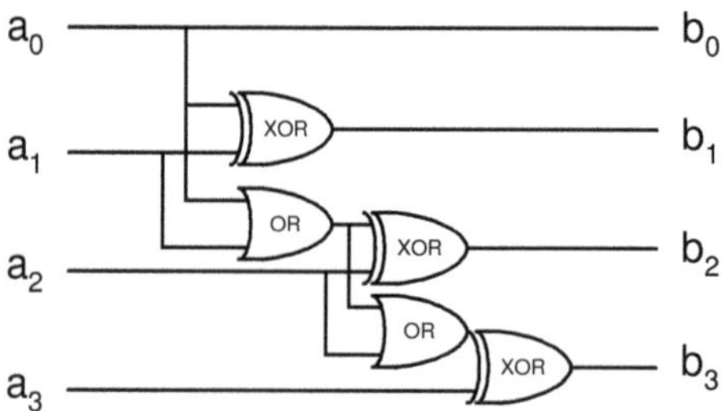

Nelibittinen negaatio (NEG4) porttitasolla

Kytkennän toimivuuden todistaminen voidaan jättää lukijalle mukavaksi pikku välinaposteltavaksi.

4.6 Laskentayksikkö

Jos lähdetään rakentamaan laskentayksikköä, joka osaa hoitaa sekä yhteen- että vähennyslaskun, tehdään summain, joka kykenee tarvittaessa ottamaan toisesta sisääntulostaan negaation eli vastaluvun ennen summausta. Yhteenlaskettaessa vastalukua ei oteta, vähennyslaskun tapauksessa otetaan.

Vastaluvun ottaminen sujuu itse asiassa yllättävän helposti hyväksikäyttämällä summaimen muistinumerologiikkaa! Vastalukuhan otetaan invertoimalla bitit ja lisäämällä tulokseen 1. Invertointi voidaan hoitaa mukavasti XOR -porteilla, jotka toimivat ohjattuina inverttereinä, niin kuin aiemmista luvuista muistetaan. Ykkönen lisätään sitten vetämällä summaimen *carry-in* eli sisääntuleva muistinumero ylös. Näppärää.

Toimintalogiikka on se, että jos kysymyksessä on yhteenlasku, bittejä ei invertoida, vähennyslaskun tapauksessa invertoidaan. Yhteenlaskettaessa muistinumero toimii normaalisti, vähennyslaskussa täytyy vetää ylös ettei tulos jäisi yhden liian pieneksi.

On kuitenkin tilanne, jossa halutaan, että tulos on "yhtä liian pieni". Koulussa opittiin laskemaan vähennyslaskuja kynällä ja paperilla. Esimerkiksi 93 - 25 = 68. 3 - 5 < 0, joten täytyy *lainata*. Saadaan 13-5 = 8. Sitten laskettaessa 9 miinus 2 pitää muistaa, että lainattiin. Joten 9 - 2 - 1 = 6 ja tulokseksi saatiin 68.

Jos on lainattu, pitää sisääntuleva muistinumero jättää siis nollaksi. Tilanne on ehkä hiukan nurinkurinen: yhteenlaskettaessa muistinumero on 0 kun edellinen laskutoimituksen vaihe *ei ole* tuottanut muistinumeroa, mutta vähennettäessä muistinumero onkin 1 kun *on* lainattu. Komponentin käyttäjän aivoparkoja voi säästää invertoimalla muistinumeront (in ja out) rajapinnassa käyttäen kahta "ylimääräistä" XOR -porttia.

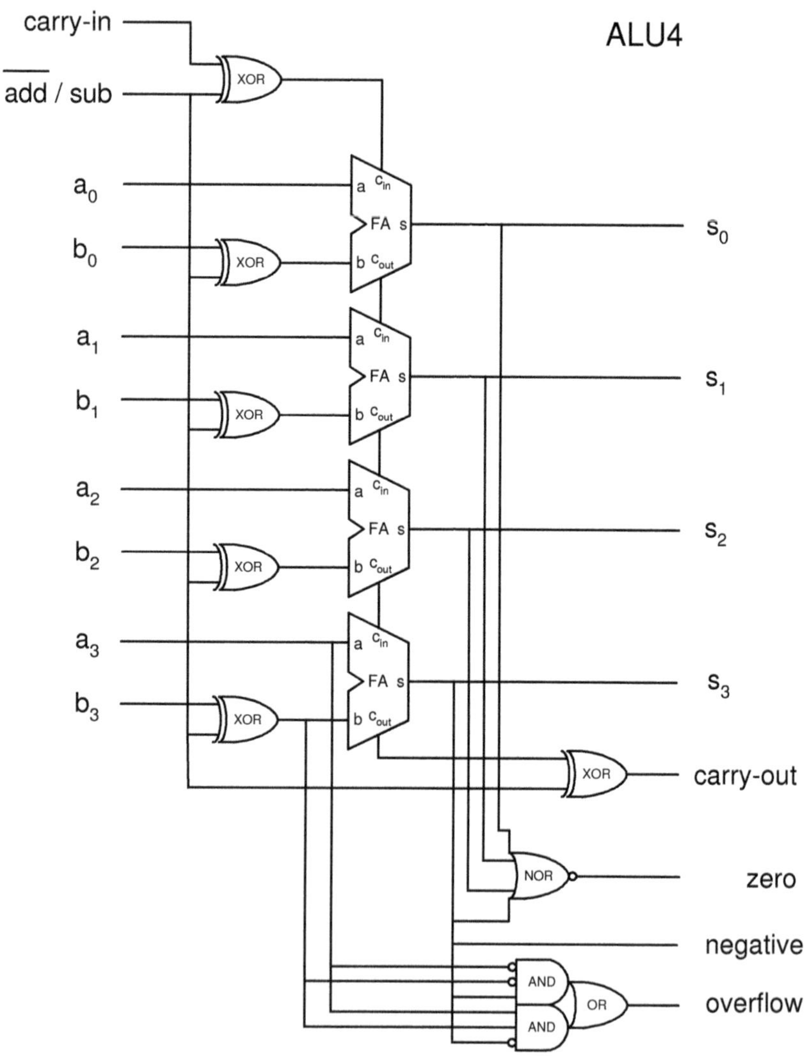

Nelibittinen aritmeettislooginen yksikkö (ALU4), joka pystyy tekemään yhteenlaskun ja vähennyslaskun

5 Optimointi Karnaugh'n kartoilla

Vuonna 1953 esitti amerikkalainen tietoliikenneinsinööri Maurice Karnaugh visuaalisen menetelmän logiikan optimointiin. Menetelmää käytetään nykyään laajasti ja sitä kutsutaan nimellä Karnaugh'n kartta (laus. '*kar-no:n* kartta'). Menetelmässä hyödynnetään ihmisaivojen hahmontunnistuskykyä, ja se toimii hienosti varsinkin, jos optimoitavassa logiikassa on neljä sisääntuloa tai vähemmän.

Karnaugh'n kartta toimii siten, että totuustaulukon rivit järjestetään siten, että ulostulot kirjoitetaan ruudukkoon tiettyjä sääntöjä käyttäen. Idea on se, että minkä tahansa vierekkäisten ruutujen välillä vain yksi sisääntulo muuttuu. Otetaanpa esimerkiksi seuraava totuustaulu ja tehdään siitä Karnaugh'n kartta:

a	b	c
0	0	1
0	1	1
1	0	0
1	1	0

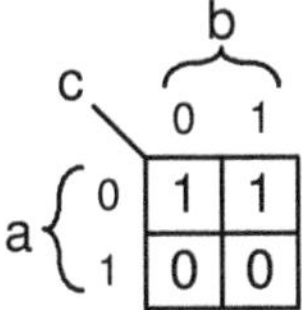

Kartassa on neljä ruutua aivan kuten totuustaulussa on neljä riviä. Vasemmassa yläkulmassa a=0 ja b=0 ja siihen sijoitetaan totuustaulusta ensimmäiseltä riviltä c=**1**. Sen oikeanpuoleisessa ruudussa a=0 ja b=1. Siihen sijoitetaan ulostulo totuustaulun toiselta riviltä. Alarivin vasemmanpuoleisessa ruudussa a=1 ja b=0. Siihen sijoitetaan c:n arvo **0** totuustaulun kolmannelta riviltä ja alarivin oikeanpuoleisessa ruudussa a=1 ja b=1, siihen sijoitetaan c:n arvo **0** totuustaulun viimeiseltä riviltä.

Idea oli siis, että siirryttäessä viereiseen ruutuun pysty- tai vaakasuunnassa ainoastaan yksi sisääntulo muuttuu. Esimerkiksi kun siirrytään vasemmasta yläkulmasta sen oikeanpuoleiseen ruutuun, muuttuu sisääntulo b nollasta ykköseksi, mutta a pysyy nollana. Niin ikään siirryttäessä vasemmasta yläkulmasta ruudun verran alaspäin muuttuu sisääntulo a nollasta ykköseksi mutta b pysyy nollana.

Jos kartta on näin järjestetty, voidaan sieltä *etsiä alueita* tiettyjä sääntöjä noudattaen. Tietyllä tapaa rajatut alueet tuottavat aina tietynlaisen logiikan. Karnaugn'n kartasta rajataan alueita seuraavia sääntöjä noudattaen.

1. **Alueiden tulee olla suorakaiteen muotoisia.**
2. **Alueen joka ruudussa täytyy olla ykkönen.**
3. **Alueen ruutujen määrän tulee olla joku kahden potenssi, esimerkiksi 1, 2, 4 tai 8 ruutua.** Esimerkiksi kolmen ruudun alueet eivät käy.
4. **Alueiden tulee olla mahdollisimman suuria.**
5. **Alueilla saa olla päällekkäisiä ruutuja.**

Näihin sääntöihin tulee tarkennuksia myöhemmin, mutta käydäänpä ensin läpi tämä perustapaus esimerkkikartalla.

Huomaamme, että kahdessa vierekkäisessä ruudussa on ykkönen. Sääntöjen mukaan nämä ruudut voidaan yhdistää. Syntyvä alue on suorakaiteen muotoinen. Alueessa on 2 ruutua ja 2 on

2:n potenssi. Alueen joka ruudussa on ykkönen. Hienoa! Katsotaanpa mihin tämä meidät johtaa.

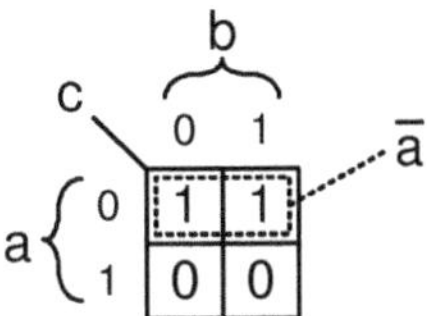

Kuvaan on nyt rajattu tämä alue. Seuraavaksi tutkitaan, mikä on helpoin tapa määritellä tämä alue käyttämällä sisääntulojen arvoja. Käydään sisääntulot läpi yksitellen.

<u>Sisääntulo a</u>: alueen vasemmanpuoleisessa ruudussa a = 0. Toisessa ruudussa a = 0. Koko alueella a = 0 joten termi a = 0 eli **$\bar{a}$ rajaa aluetta**.

<u>Sisääntulo b</u>: alueen vasemmanpuoleisessa ruudussa b = 0. Toisessa ruudussa b = 1. B saa molemmat arvonsa alueen sisällä joten **b ei rajaa aluetta**.

Kun kaikki sisääntulot on käyty läpi, on **koko aluetta kuvaava logiikka kaikkien löydettyjen rajausten looginen tulo eli JA**. Tässä tapauksessa rajauksia löytyi vain yksi, $\bar{a}$, joten se on suoraan logiikka, joka määrittää merkityn alueen.

Kun kaikki ruudukon ykköset on saatu rajattua alueiden sisälle, voidaan sanoa: "Ulostulo on 1 jos ja vain jos ollaan jollakin rajatuista alueista." Tässä tapauksessa lause kuuluu "C on 1 jos ja vain jos a on 0", eli Boolen algebrassa kirjoitettaisiin **c = $\bar{a}$**.

ESIMERKKI

Tehtävä:
Tee logiikka signaalille g siten, että g = 1 jos vähintään kaksi kolmesta sisääntulosta a, b, c on 1.

Ratkaisu:
Tehdään ensin totuustaulu, joka toteuttaa ehdot:

a	b	c	g
0	0	0	0
0	0	1	0
0	1	0	0
0	1	1	1
1	0	0	0
1	0	1	1
1	1	0	1
1	1	1	1

Seuraavaksi Karnaugh'n kartta:

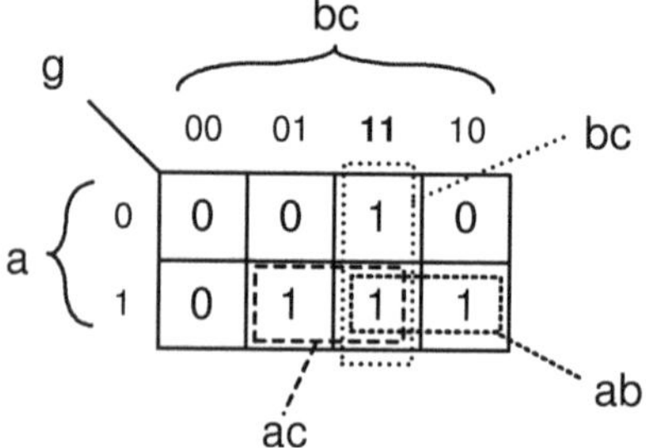

Karnaugh'n kartasta saadaan logiikalle lause:

$$g = ab + ac + bc$$

Edellisessä esimerkissä kannattaa kiinnittää huomio siihen, miten b ja c käyttäytyvät eri sarakkeissa. Vasemmanpuoleisessa sarakkeessa [b, c] = 00. Siirryttäessä seuraavaan sarakkeeseen oikeallepäin, c muuttuu ensin nollasta ykköseksi ja [b, c] = 01. Seuraavaksi c muuttuu nollasta ykköseksi ja [b, c] = 11. Kolmannessa sarakkeessa [b, c] ei saa olla 10, koska silloin kaksi sisääntuloa muuttuisi siirryttäessä toisesta sarakkeesta kolmanteen sarakkeeseen. Viimeiseen sarakkeeseen siirryttäessä c muuttuu ykkösestä nollaksi. Tätä koodausmenetelmää, jossa kahden peräkkäisen koodin välillä muuttuu vain yksi bitti kutsutaan *Gray-koodiksi.*

Karnaugh'n kartasta voidaan myös hakea lausekkeita muilla tavoilla kuin edellä esitettiin. Edellä rajattiin ykkösten täyttämiä alueita noudattaen sääntöä "ulostulo on 1 jos ollaan jollakin rajatulla alueella". Samoin voidaan tehdä logiikka rajaamalla *nollien* täyttämiä alueita käyttäen sääntöä "ulostulo on nolla jos ollaan jollakin rajatulla alueella". Seuraavassa Karnaugh'n kartassa on rajattu nollien täyttämät alueet:

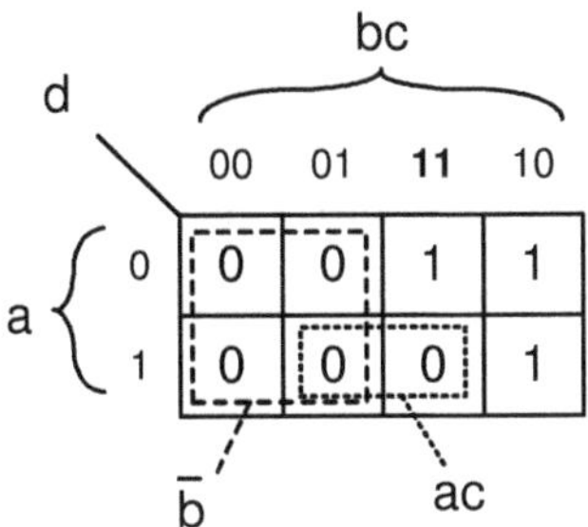

Logiikka d:lle voidaan nyt saada lauseesta "d on nolla jos ollaan alueella $\overline{b}$ tai ac" eli $\overline{d} = \overline{b} + ac$.

Vaihtoehtoinen ajattelutapa on, että d on 1 jos *ei* olla kummallakaan alueella eli “d on 1 jos b EI ole nolla JA ac EI ole 11”. Tällöin noudatetaan sääntöä “ulostulo on 1 jos ei olla millään nollien rajaamalla alueella”. Tällöin täytyy löytää joka alueelle löytää sääntö, joka kuvaa rajatun alueen *ulkopuolista* aluetta. Se löydetään soveltamalla DeMorganin sääntöjä.

Esimerkiksi alueen $\overline{b}$ ulkopuolinen alue on b ja alueen ac ulkopuolinen alue on $\overline{a}+\overline{c}$. D on 1 jos ollaan alueella b JA alueella $\overline{a}+\overline{c}$, mistä seuraa looginen lause $d = b\,(\overline{a}+\overline{c})$. Tällaista lausekemuotoa kutsutaan *summien tuloksi*. Huomaa, että sen saa ratkaistua muodosta $\overline{d} = \overline{b} + ac$ myös Boolen algebralla soveltaen juuri DeMorganin sääntöjä.

Vastaava rakenne voidaan muodostaa myös rajaamalla ykköset ja noudattamalla periaatetta “ulotulo on nolla jos ollaan kaikkien rajattujen alueiden ulkopuolella”, mutta tämä ajattelutapa on melko harvinainen.

On siis loppujen lopuksi neljä[1] tapaa muodostaa Karnaug’n kartasta kytkentä. Voidaan hakea tulojen summia tai summien tuloja rajaamalla nollia tai ykkösiä. Näin saadaan samalle logiikalle hieman erilaisia muotoja. Yleisintä on hakea tulojen summia rajaamalla ykkösiä. Muut tavat saattavat viedä helpommin lopputuloksiin, joissa on enemmän NAND ja NOR -portteja, jotka ovat mikropiireillä tehokkaita. Boolen algebralla voi myös siirtyä muodosta toiseen.

1. Ehkäpä on helpompi ymmärtää, että käytännössä nämä neljä tapaa ovat (yleisin ensimmäisenä):
- ulostulo on 1 rajatuilla 1 -alueilla (positiivinen tulojen summa)
- ulostulo on 0 rajatuilla 0 -alueilla (negatiivinen tulojen summa)
- ulostulo on 1 rajattujen 0 -alueiden ulkopuolella (pos. summien tulo)
- ulostulo on 0 rajattujen 1 -alueiden ulkopuolella (neg. summien tulo)

Don't care -tilat

Joskus ei ole väliä sillä, onko ulostulo jossain tilanteessa 1 vai 0. Näitä sanotaan *don't care* -tiloiksi ja niitä merkitään X -kirjaimella. Sellaiset yleensä yksinkertaistavat logiikkaa, koska suunnittelijalla on enemmän vapautta. Karnaugh'n kartassa X:n voi ottaa alueeseen tai jättää ulkopuolelle, miten vain saa suurimmat alueet rajattua.

ESIMERKKI

Tehtävä:
Tee kytkentä, jonka ulostulo on **1** jos sisääntulot ovat **000**, **110** tai **101**; **0** jos sisääntulot ovat **011**; muissa tapauksissa ulostulolla **ei ole väliä**, se voi olla 1 tai 0.

Ratkaisu:
Piirretään Karnaugh'n kartta siten, että laitetaan X sellaisiin ruutuihin, joilla ei ole väliä. Ne voi sitten ottaa alueisiin mukaan tai jättää pois, miten vain yksinkertaisinta on. Alla on Karnaugh'n kartta ja tuloksena saatu kytkentä:

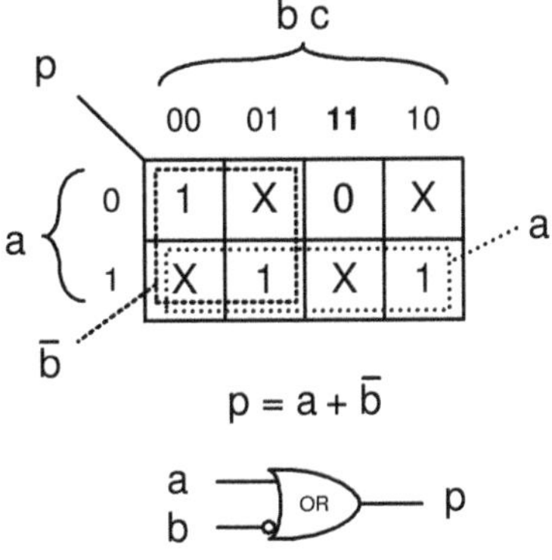

Don't care -tiloja syntyy esimerkiksi silloin, kun sisääntulo on väylä, jolla ei käytännön syistä voi esiintyä kaikkia yhdistelmiä. Esimerkiksi nelibittinen sisääntulo voi esittää etumerkittömät luvut {0..15}, mutta jos sillä esitetään vain kymmenjärjestelmän lukuja {0..9}, jäävät tilat {10 .. 15} don't care -tiloiksi.

Don't care -tilojen kanssa täytyy olla sikäli varovainen, että järjestelmä ei saisi tehdä ainakaan mitään kovin pahoin väärää tai vaarallista mikäli don't care -tila sisääntuloissa jostain syystä pääsee esiintymään. Jotkut ovat sitä mieltä, että turvallisessa järjestelmässä ei ole don't care -tiloja vaan kaikenlaisten "mahdottomien" tilanteiden esiintymisen pitäisi johtaa jonkinlaisen virheraportointi- tai virheestätoipumisjärjestelmän aktivoitumiseen.

6 Quine-McCluskey -algoritmit

Karnaugh'n kartan piirtäminen alkaa olla perin juurin hankalaa kun optimoitavassa logiikassa on paljon sisääntuloja. Silloin voi yrittää Quine-McCluskey -algoritmien käyttöä. Ne ovat kynällä ja paperilla hieman työläitä, mutta soveltuvat hyvin tietokoneella ratkaistaviksi.

Ensimmäinen algoritmi vastaa Karnaugh'n kartan piirtoa siten, että ensimäiseksi yhdistellään vain vierekkäisiä ruutuja kahden ruudun alueiksi. Sitten katsotaan voisiko kahden ruudun alueita yhdistää vielä neljän ruudun alueeksi ja niin edelleen.

Käytännössä lähdetään liikkeelle ns. *mintermeistä* eli niistä sisääntulokombinaatioista, joiden kohdalla ulostulo on 1. Ovatkoon ne vaikkapa {0000, 0001, 0010, 0100, 0011, 1100 ja 1111}. Listataan ne ensiksi alekkain:

a	b	c	d
0	0	0	0
0	0	0	1
0	0	1	0
0	1	0	0
0	0	1	1
1	1	0	0
1	1	1	1

Seuraavaksi etsitään sieltä kaikki sellaiset rivit, jotka eroavat toisistaan pelkästään yhden sisääntulon osalta siten, että toisessa on "1" ja toisessa "0" (vastaa Karnaugh'n kartan vierekkäisiä ruutuja"). Esimerkiksi "0 0 0 0" ja "0 0 0 1" ovat tällainen pari ja ne voi yhdistää termiksi "0 0 0 X". Tehdään se kaikille yhdisteltävissä oleville pareille:

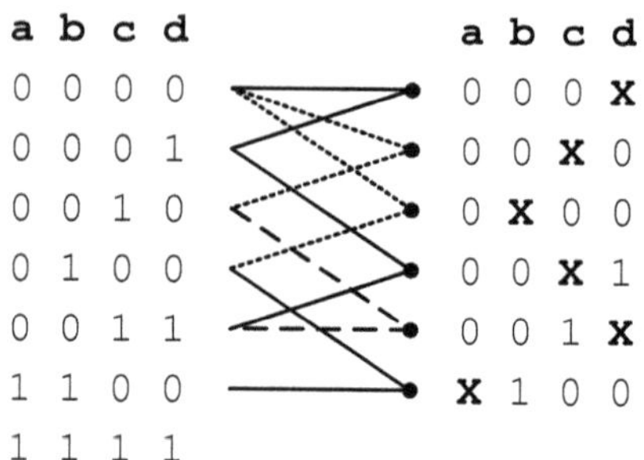

Ympäröidään seuraavaksi ne termit, joita ei voitu yhdistellä minkään toisen termin kanssa:

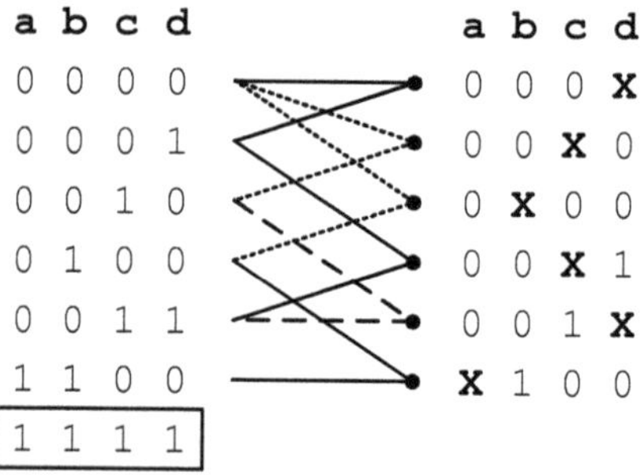

ja tehdään sama uudelleen:

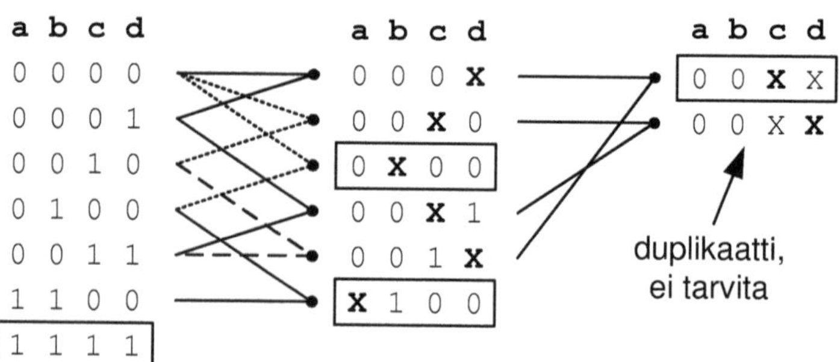

Näin on saatu selville *implikantit* (Karnaugh'n kartassa alueet), joissa ulostulo on ylhäällä. Siitä voidaan kirjoittaa Boolen algebran lause $e = \bar{a}\,\bar{b} + \bar{a}\,\bar{c}\,\bar{d} + b\,\bar{c}\,\bar{d} + a\,b\,c\,d$. Se ei kuitenkaan välttämättä ole loppuun saakka optimoitu, vaan siinä saattaa olla turhia termejä. Koska esimerkissämme on vain neljä sisääntuloa, siitä voidaan piirtää Karnaugh'n kartta ja havaita, että näin todella on:

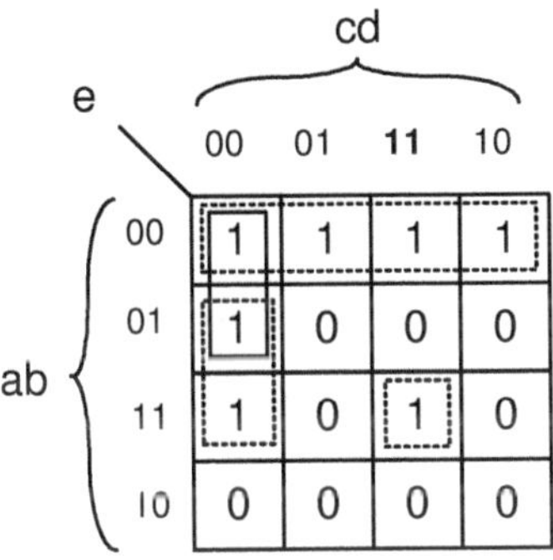

Vasemmassa yläkulmassa oleva kahden ruudun alue ($\bar{a}\,\bar{c}\,\bar{d}$) on tarpeeton. Tällaiset tarpeettomat alueet voidaan tunnistaa ja poistaa toisella Quine-McCluskey -algoritmilla seuraavasti: Ensin tehdään taulukko mintermeistä ("ruuduista") ja ensimmäisen algoritmin tuloksista ("alueista"):

a b c d \ a b c d	0000	0001	0010	0100	0011	1100	1111
0 0 X X	●	●	●		●		
0 X 0 0	●			●			
X 1 0 0				●		●	
1 1 1 1							●

Palloilla merkitään, että ruutu kuuluu alueeseen.

Seuraavaksi katsotaan onko taulukossa sellaisia mintermejä, jotka kuuluvat vain yhteen alueeseen. Sellaisia on, merkitään ne kuvaan:

a b c d	0000	0001	0010	0100	0011	1100	1111
0 0 X X	●	●	●		●		
0 X 0 0	●			●			
X 1 0 0				●		●	
1 1 1 1							●

Näin on samalla tullut ylivedettyä ne mintermit, jotka on "käsitelty". Seuraavaksi merkitään osoitetuista palloista, mitkä alueet on näin todettu välttämättömiksi:

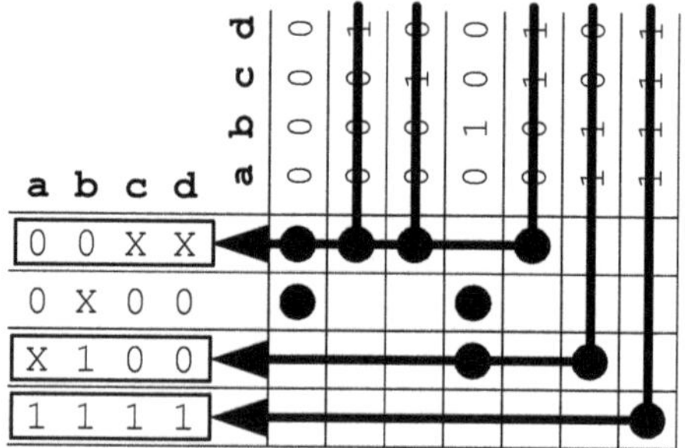

Seuraavaksi merkitään ne mintermit, jotka ovat välttämättömien alueiden myötä tulleet myös käsitellyiksi. Esimerkiksi aivan vasemmassa yläkulmassa oleva pallo merkitsee, että mintermi 0000 kuuluu alueeseen 00XX. Koska 00XX on todettu välttämättömäksi, on myös mintermi 0000 tullut hoidetuksi. Samoin on

7 Multiplekserit

Multiplekseri on komponentti, joka valitsee mikä monesta sisääntulosta viedään yhteen ulostuloon. Valintaa ohjaavat erilliset *valintalinjat*. Multiplekserien sisääntulojen määrä vaihtelee. Yksinkertaisin multiplekseri on '*yksi kahdesta*' -multiplekseri, jossa on kaksi sisääntuloa, joiden väliltä valitaan. Vastaavasti yksi neljästä -multiplekserissä on neljä sisääntuloa ja yksi ulostulo. Useampibittisiä väyliä voidaan valita esimerkiksi neljä kahdeksasta -multiplekserillä, jossa olisi tyypillisesti kaksi nelibittistä sisääntulevaa väylää ja yksi nelibittinen ulostuleva väylä.

7.1 Yksi kahdesta -multiplekseri eli MUX21

Esimerkiksi yksi kahdesta -multiplekseri eli MUX21 piirretään seuraavasti:

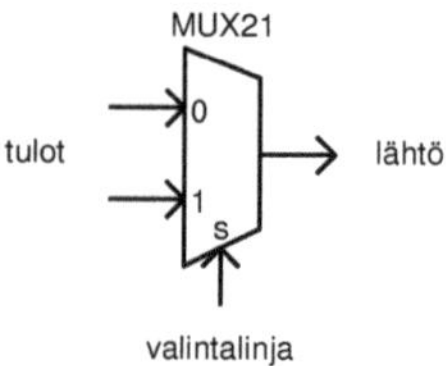

Yksi kahdesta -multiplekseri

Kun valintalinja s = 0, ulos tulee ensimmäinen kahdesta sisääntulosta, ja kun s = 1, ulos tulee toinen sisääntuloista. Totuustaulu, joka kuvaa komponentin toimintaa, on:

s	i_0	i_1	q
0	0	0	0
0	0	1	0
0	1	0	1
0	1	1	1
1	0	0	0
1	0	1	1
1	1	0	0
1	1	1	1

MUX21 -multiplekserin totuustaulu

Totuustaulun pohjalta voidaan tehdä logiikka, joka toteuttaa multiplekserin toiminnan. Tehdään se Karnaugh'n kartalla:

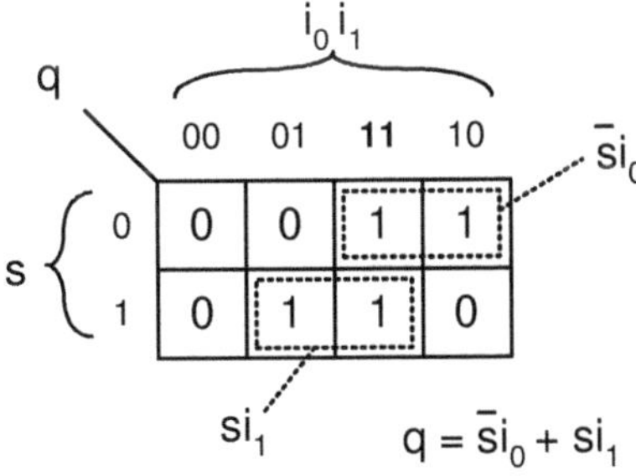

MUX21- multiplekserin Karnaugh'n kartta

Kun sisääntuloille annettiin nimet i_0 ja i_1, niin tulokseksi saatiin varsin järkevältä kuulostava lause: q on 1 jos s = 0 ja $i_0 = 1$ TAI s = 1 ja $i_1 = 1$. Tästä saadaan logiikka, joka toteuttaa multiplekserin toiminnan:

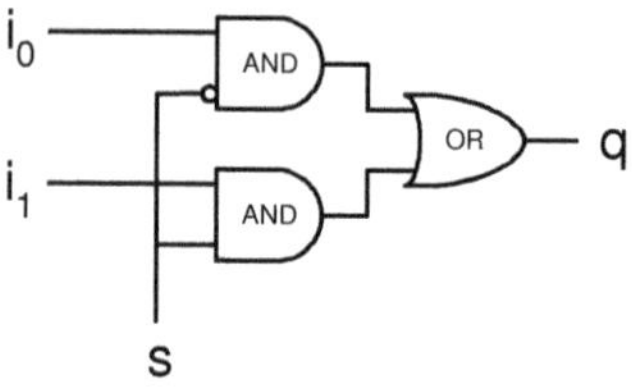

MUX21 -multiplekserin toteuttava logiikka

Multiplekseri voidaan siis toteuttaa käyttämällä logiikkaportteja. Yleensä kuitenkin tehdään toisin päin, sillä multiplekserit ovat yleensä varsin halpoja toteuttaa mikropiirillä ja multiplekserin avulla voidaan joskus yksinkertaistaa monimutkaista logiikkaa. Tästä on esimerkki jäljempänä. Lisäksi multiplekseriä tietysti käytetään nimenomaan valintakomponenttina, eli kun esimerkiksi halutaan valita vaikkapa mikä väylä johdetaan jollekin laskentayksikölle sisääntuloksi.

7.2 Yksi neljästä -multiplekseri eli MUX41

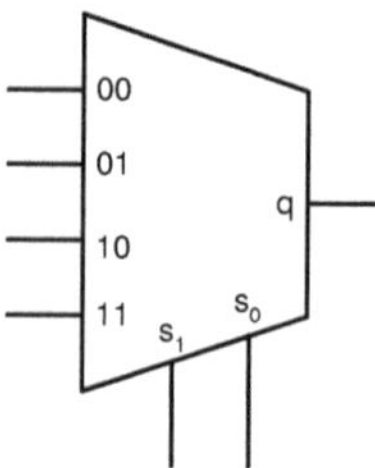

Yksi neljästä -multiplekseri eli MUX41

Yksi neljästä -multiplekseri valitsee ulostuloksi yhden neljästä sisääntulosta valintatulojen s_1 ja s_0 perusteella. jos [s_1, s_0] on 00, valitaan ensimmäinen, 01:lla toinen ja niin edelleen. Toimintaa voisi kuvata totuustaululla:

s_1	s_0	q
0	0	i_0
0	1	i_1
1	0	i_2
1	1	i_3

MUX41- multiplekserin totuustaulu

Multiplekserit pitäisi selkeyssyistä piirtää aina samoin päin, mieluiten niin, että sisääntulot ovat numerojärjestyksessä ylhäältä alas (90 astetta käännettäessä oikealta vasemmalle). Tilan salliessa sisääntulon numero binäärisenä kannattaa myös merkitä komponentin sisään.

7.3 Shannonin laajennusteoreema

Shannonin laajennusteoreema, toiselta nimeltään Shannonin hajotelma, kuvaa matemaattisesti sen, mitä multiplekserin soveltaminen tekee logiikalle. Esimerkiksi jos on logiikka f, jossa on sisääntulot a, b ja c, voidaan Shannonin laajennusteoreemaa soveltaa sille seuraavasti:

$$
\begin{aligned}
f(a, b, c) &= \bar{a} \cdot f(0, b, c) + a \cdot f(1, b, c) \\
&= \bar{a}\bar{b} \cdot f(0, 0, c) + \bar{a}b \cdot f(0, 1, c) \\
&+ a\bar{b} \cdot f(1, 0, c) + ab \cdot f(1, 1, c)
\end{aligned}
$$

Shannonin hajotelma kolmen sisääntulon logiikalle

Otetaanpa ensin aivan yksinkertainen esimerkki. Ajatellaanpa lausetta g = a + b. Se tietysti voidaan toteuttaa yhdellä or -portilla. Mutta hajotetaanpa se Shannonilla signaalin a suhteen:

$$g = a + b = a(1 + b) + \bar{a}(0 + b) = a(1) + \bar{a}(b)$$

Tästä muodosta nähdään, että jos käytössä on yksi MUX21, sen avulla logiikka saataisiin toteutettua kytkennällä:

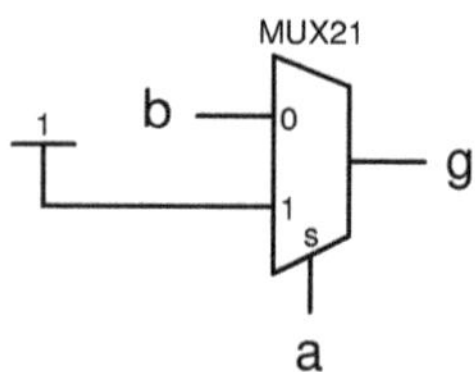

Monimutkaisemmassa logiikassa tästä voi olla jopa hyötyä. Esimerkiksi seuraava lause ja sitä vastaava kytkentä...

$$f = \bar{c}ba + \bar{d}ca + a\bar{b}c + \bar{a}bc$$

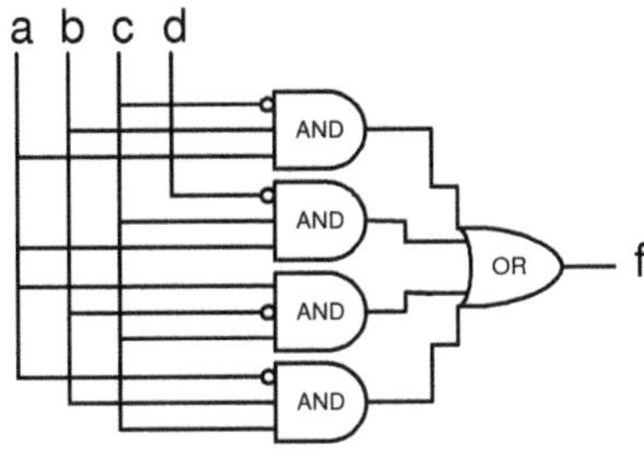

...voidaan hajottaa Shannonin teoreemalla ensin yhden signaalin suhteen. Se voi olla mikä tahansa signaaleista a,b,c tai d mutta kannattaa valita sellainen, joka esiintyy lausessa mahdollisimman monta kertaa. A esiintyy neljä kertaa joten valitaan a signaaliksi, jonka suhteen hajotelma tehdään. Shannonin teoreeman nojalla lauseesta saadaan:

$$
\begin{aligned}
f &= \bar{c}\,b\,a + \bar{d}\,c\,a + a\,\bar{b}\,c + \bar{a}\,b\,c \\
&= \bar{a}\,(\bar{c}\,b\,0 + \bar{d}\,c\,0 + 0\,\bar{b}\,c + 1\,b\,c) \\
&\quad + a\,(\bar{c}\,b\,1 + \bar{d}\,c\,1 + 1\,\bar{b}\,c + 0\,b\,c) \\
&= \bar{a}\,(bc) + a\,(\bar{c}b + \bar{d}c + \bar{b}c)
\end{aligned}
$$

Tämä lause voidaan toteuttaa MUX21 -multiplekseriä hyödyntäen viemällä signaali a multiplekserin valintasignaaliin s ja logiikka bc multiplekserin ensimmäiseen sisääntuloon ja toiseen sisääntuloon logiikka $\bar{c}b + \bar{d}c + \bar{b}c$:

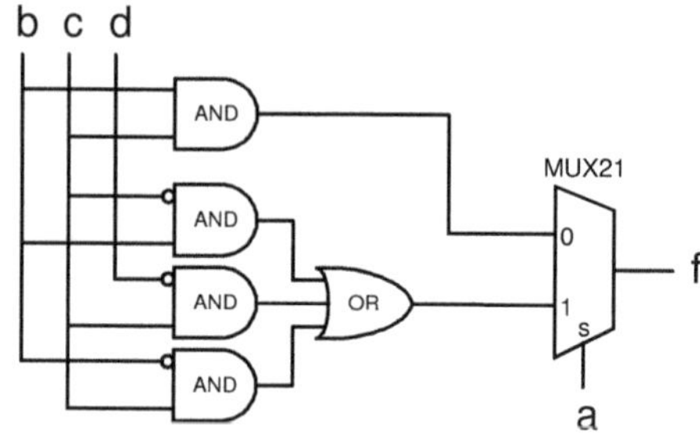

Tässä saatiin jo sentään muutettua kolmisisääntuloisia and-portteja kaksisisääntuloisiksi. Jatkamalla hajotelmaa, tällä kertaa b:n suhteen saadaan muoto, joka sopii toteutettavaksi MUX41:llä:

$$f = \bar{a}\,(bc) + a\,(\bar{c}b + \bar{d}c + \bar{b}c)$$

$$= \bar{b}\,(\bar{a}\,(0c) + a\,(\bar{c}0 + \bar{d}c + 1c)) + b\,(\bar{a}\,(1c) + a\,(\bar{c}1 + \bar{d}c + 0c))$$

$$= \bar{b}\,(\bar{a}\,(0) + a\,(0 + \bar{d}c + c)) + b\,(\bar{a}\,(c) + a\,(\bar{c} + \bar{d}c + 0))$$

$$= \bar{b}\,(\bar{a}\,(0) + a\,(\bar{d}c + c)) + b\,(\bar{a}\,(c) + a\,(\bar{c} + \bar{d}c))$$

$$= \bar{a}\bar{b}\,(0) + a\bar{b}\,(\bar{d}c + c) + \bar{a}b\,(c) + ab\,(\bar{c} + \bar{d}c)$$

... joka helposti saadaan muotoon...

$$= \bar{a}\bar{b}\,(0) + a\bar{b}\,(c)) + \bar{a}b\,(c) + ab\,\overline{(cd)}\,)$$

Tämä voitaisiin toteuttaa hyväksikäyttäen MUX41:a:

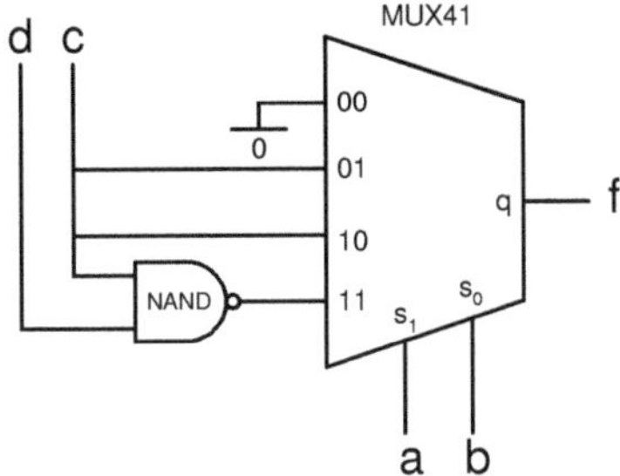

Esimerkistä huomataan, että hajottamalla logiikkaa Shannonilla, saadaan sen kompleksisuutta siirrettyä multipleksereihin. Shannonin hajotelma ei siis ole mikään taikakalu, mutta työkalu kumminkin. Koska hajotelman tekeminen on täysin mekaanista (tosin hieman virhealtista) työtä, sillä saadaan hyvinkin helposti jaettua monimutkainen logiikka helpommin optimoitaviin palasiin.

Arvioitaessa kytkennän kustannusta ja nopeutta, voidaan katsoa kirjan liitteen 2 taulukkoa. Alkuperäisessä, optimoimattomassa muodossaan kytkennässä oli seuraavat portit:

- 4 kpl AND3, kustannus 4 kertaa 5 = 20 pinta-alayksikköä

- 1 kpl OR4, kustannus 6 yksikköä

- 4 kpl inverttereitä, kustannus 4 kertaa 2 = 8 yksikköä

- yhteensä kustannus (pinta-ala) 34 yksikköä

- kriittisen polun viive on 0.19 ns (INV) + 0.32 ns (AND3) + 0.34 ns (OR4), yhteensä 0.85 ns.

MUX21 -muodossa on komponentit: 1 kpl AND2 (ala 4) + 3 kpl AND2A (ala 5) + 1 kpl OR3 (ala 5) + 1 kpl MUX21 (ala 7), yhteensä 31 yksikköä.

Kriittinen polku on AND2A → OR3 → MUX21, viive 0.38 ns + 0.32 ns + 0.34 ns, yhteensä 1,04 ns.

Sievennetyssä MUX41 -muodossa on komponentit: 1 kpl NAND2 (ala 3) + 1 kpl MUX41 (ala 17), yhteensä 20 yksikköä.

Kriittinen polku on NAND2 → MUX41, viive 0,20 ns + 0,72 ns, yhteensä 0,92 ns.

Kokeile, minkälaisiin lukuihin pääset käyttämällä Karnaugh'n karttoja ja käsin optimointia!

8 Harjoitustehtäviä kombinatorisesta logiikasta

1. Kirjoita totuustaulut kolmen sisääntulon AND, OR, NAND ja NOR-porteille

2. Kirjoita totuustaulu nelibittiseen lähetykseen lisättävän viidennen bitin, parillisen pariteettibitin, arvosta.

3. Tee kytkentä, joka tutkii viittä kytkintä rivissä. Jos rivin päissä olevilla kytkimillä on sama arvo ja välissä olevilla kytkimillä eri arvo kuin päissä olevilla, niin ulostulo on 1, muuten 0.

4. Tee kytkentä, joka antaa ulostulon 1 jos maksimissaan yksi kolmesta sisääntulosta on 1.

5. Piirrä logiikka signaalille e joka kertoo, onko väylillä a[3:0] ja b[3:0] sama luku.

6. Toteuta invertteri käyttäen yhden yksi kahdesta -multiplekseriä.

7. Toteuta yksi neljästä ja yksi kahdeksasta -multiplekserit käyttäen yksi kahdesta -multipleksereitä

8. Toteuta kahden sisääntulon NAND-portti käyttäen yksi neljästä -multiplekseriä

9. Tee yksi kahdeksasta -multiplekseriä käyttäen logiikka, joka antaa ulostulon 1 jos vähintään kolmessa neljästä sisääntulosta on 1.

10. Toteuta piiri, joka kertoo onko väylällä a[3:0], $a \in \{0,1,2,3,...,15\}$ oleva nelibittinen luku alkuluku eli piirin ulostulo on 1 jos $a \in \{2,3,5,7,11,13\}$.

11. Tee summaimia käyttäen piiri, joka kertoo sisääntulevan nelibittisen luvun kolmella.

12. Järjestelmässä on väylät a[3:0], b[3:0] ja c[3:0], $a,b,c \in \{0..15\}$. Tee summaimia ja perusportteja käyttäen logiikka, joka toteuttaa laskutoimituksen $c=2a+b+1$ sekä signaali V, joka on 1 jos tulos ei mahdu väylälle c[3:0], 0 muuten.

13. Eräässä väylässä siirretään rinnakkain kolme bittiä. Tee a) lähetyspäähän kytkentä, joka lisää lähetykseen parillisen pariteettibitin ja b) vastaanottopäähän kytkentä, joka antaa ulostulon e=1 jos vastaanotossa havaitaan pariteettivirhe, 0 muuten.

14. Kuinka pariteetin tarkastus yleistyy useampibittisiin lukuihin? Tee 8-bittisen luvun pariteettigeneraattori ja -tarkastaja

15. Sopivasti laskemalla *useita* pariteetteja samasta datasta, saadaan *virheenkorjaavia koodeja*. Tee 3 x 3 -ruudukko nollia ja ykkösiä. Tee pariteettigeneraattori *joka vaaka- ja pystyriville*. Kuinka paljon pariteetti-informaatiota syntyy? Paljonko se on prosentuaalisesti alkuperäisen datan määrästä? Kuinka paljon tarvitaan 2-sisääntuloisia portteja?

16. Toista tehtävä 15 4x4 ja 5x5 -ruudukoille. Kuinka pariteetti-informaation määrä a) absoluuttisena b) prosentuaalisesti verrattuna alkuperäisen datan määrään kehittyy? Entä jos alkuperäistä dataa olisi 256 bittiä[1]?

17. Osoita, että jos tehtävän 15 pariteettigeneraattorilla muodostetusta paketista (alkuperäinen data + pariteetit) muuttuu mikä tahansa yksi bitti matkan varrella, vastaanottopäässä se voidaan a) havaita b) korjata.

---

1. MP3-soittimissa tyypillisissä *yksitasoisissa Nand-Flash -muisteissa* käytetään 4096 bitin (+pariteettiekstra) lohkoja, joille käyttäjän pitää tehdä tällä periaatteella toimiva pariteettisysteemi

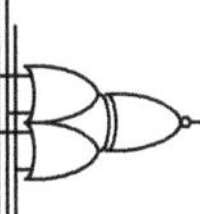

SEKVENTIAALINEN LOGIIKKA

Sekventiaalinen logiikka käsittelee sitä, miten järjestelmä siirtyy tilasta toiseen. Tilan käsite edellyttää, että järjestelmässä on jokin komponentti, joka "muistaa" missä tilassa järjestelmä on.

Ensimmäisessä vaiheessa tutustumme tällaisiin muistielementteihin, joita kutsutaan rekisteripiireiksi. Toisessa vaiheessa opitaan suunnittelemaan erilaisia kytkentöjä, jotka hyödyntävät tätä tilan käsitettä.

1 Takaisinkytkentäluupit

1.1 Yksinkertainen takaisinkytkentäluuppi

Muistellaanpa NOR -porttia ja sen toimintaa:

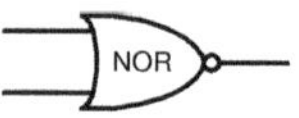

NOR -portti

a	b	$\overline{a+b}$
0	0	1
0	1	0
1	0	0
1	1	0

NOR -portin totuustaulu

Kaksisisääntuloinen NOR-portti antaa siis ulostulon 1 ainostaan, kun sen molemmissa sisääntuloissa on 0.

Tehdään sitten seuraavankaltainen kytkentä:

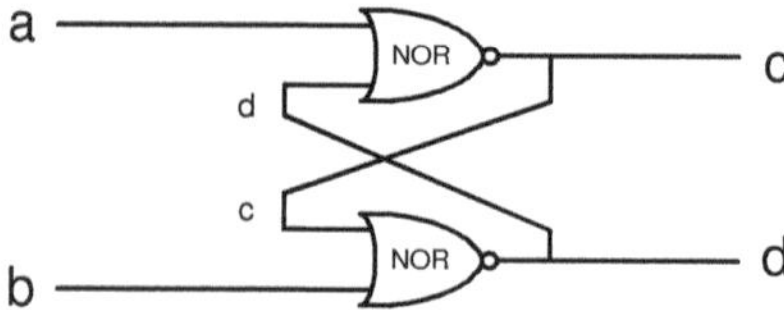

Kytkennällä on mielenkiintoisia ominaisuuksia. Mitkä ovat porttien sisääntulot ja mitkä ulostulot? Kysymys ei ole aivan yksikäsitteinen, kun kuvaa katsoo tarkemmin. A ja b ovat selvästi sisääntuloja, mutta entäpä c ja d. Ylemmän NOR -portin toinen sisääntulo tulee alemman portin ulostulosta d. Alemman portin toinen sisääntulo taas tulee ylemmän portin ulostulosta c. Portteja ei mitenkään voi ryhmitellä siten, että saataisiin selvä, yksikäsitteinen reitti sisääntuloista ulostuloihin vaan aina päädytään kehämäiseen tilanteeseen, jossa yksi portti seuraa toista porttia, joka taas seuraa ensimmäistä porttia ja niin edelleen. Tällaista rakennetta kutsutaan *takaisinkytkentäluupiksi.*

Kuinka kytkentä sitten toimii? Ajatellaanpa, että kytkentä rakennetaan ja laitetaan sitten virta päälle. Olkoon kytkentä tehty siten, että sisääntulot a ja b ovat alussa nollia. Kytkennän rakenteesta johtuen emme voi tietää, mitkä ovat ulostulojen tilat heti virran kytkemisen jälkeen, mutta oletetaanpa vaikkapa, että molemmat ovat alhaalla ja katsotaan mitä tapahtuu.

Tilanne: a=0, b=0, c=0, d=0.

Katsotaan ylempää NOR -porttia. Sen sisääntulot ovat 00, joten NOR -portti antaa ulostulon 1. Sama pitää paikkansa myös alemmalle NOR -portille, mutta oletetaanpa, että ylempi NOR -portti on hitusen verran nopeampi. Kytkentä vaihtaa spontaanisti tilaansa ja sanotaankin, että alkutilanteemme on *epävakaa*. Ensimmäisen NOR -portin ulostulo eli c vaihtaa siis tilaansa nollasta ykköseen. Saadaan uusi tilanne:

Tilanne: a=0, b=0, c=1, d=0.

Ylemmän NOR -portin sisääntulot ovat 00, ulos tulee 1 mikä siellä jo onkin. Portti on siis varsin tyytyväinen oloonsa ja ulostulo pysyy ykkösenä. Alemman NOR -portin sisääntulot (b ja c) ovat 01, joten NOR -portin ulostulon pitäisi olla 0, mitä se onkin.

Kaikki on siis molempien NOR -porttien mielestä kunnossa ja kytkennän *tila* on *vakaa*. Voidaan helposti huomata, että jos alempi NOR -portti olisi ollut nopeampi kuin ylempi, oltaisiin päästy eri tilanteeseen, nimittäin siihen, että a=0, b=0, c=0 ja d=1 mutta eipä anneta sen tässä vaiheessa häiritä.

Kaikki on siis hyvin ja rauha maassa, mutta jotta tilanne muuttuisi mielenkiintoiseksi, heilutetaan venettä hieman ja vedetään sisääntulo a ylös.

Tilanne: a=1, b=0, c=1, d=0.

Alemman NOR -portin sisääntulot (b ja c) ovat 01 ja ulostulo d=0 joten kaikki on sen mielestä tässä vaiheessa kunnossa. Ylemmän NOR -portin sisääntulot (a ja d) ovat 10, joten ulos pitäisi tulla nolla siellä olevan ykkösen sijaan. Ulostulo c vaihtaa siis tilaansa ykkösestä nollaan ja saadaan uusi tilanne.

Tilanne: a=1, b=0, c=0, d=0.

Ylempi NOR -portti on saanut tahtonsa läpi ja sen ulostulon c muuttumisen myötä muuttuu alemman NOR -portin sisääntulo. Sen sisääntulot (b ja c) ovat nyt 00. Alempi NOR -portti vaihtaa tilaansa nollasta ykköseen ja taas on uusi tilanne.

Tilanne: a=1, b=0, c=0, d=1.

Ylemmän NOR -portin sisääntulot (a ja d) ovat 11, ulos tulee 0 joten kaikki on kunnossa. Alemman NOR -portin sisääntulot (b ja c) ovat 00, ulos tulee 1 joten senkin puolesta kaikki on hyvin. Kytkennän tila on vakaa.

Seuraavaksi päästetään sisääntulo a takaisin alas, ja katsotaan miten se vaikuttaa.

Tilanne: a=0, b=0, c=0, d=1.

Ylemmän NOR -portin sisääntulot (a ja d) ovat 01, ulos tulee 0 niin kuin pitääkin. Alemman NOR -portin sisääntulot (b ja c) ovat 00 ja ulos tulee 1, joten kaikki on hienosti. Tila on taas vakaa.

Rauhallista tilannetta on ilo katsella, mutta kokeilunhalu valtaa mielen ja niinpä vedetään sisääntulo b ylös.

Tilanne: a=0, b=1, c=0, d=1

Ylemmän NOR -portin sisääntulot (a ja d) ovat edelleen 01, joten ulos tulee 0, niin kuin pitääkin. Alemman NOR -portin sisääntulot (b ja c) ovat nyt 10 joten ulos pitäisi tulla ykkösen sijaan nolla, joten piiri vaihtaa tilaansa ja uusi tilanne on:

Tilanne: a=0, b=1, c=0, d=0

Koska ylemmän NOR -portin sisääntulot (a ja d) ovat nyt vaihtuneet 00:ksi, ulos pitäisi tulla ykkönen nollan sijaan. Niin tuotapikaa käykin ja uusi tilanne on:

Tilanne: a=0, b=1, c=1, d=0

Ylempi NOR -portti on saanut tilanteensa miellyttäväksi, alemman NOR -portin sisääntulot (b ja c) ovat 11 ja ulos tulee 0 joten kytkentä on taas vakaassa tilassa.

Kun päästämme sisääntulon b taas alas, päästään tilanteeseen:

Tilanne: a=0, b=0, c=1, d=0

Ainoa signaali, joka on muuttunut on sisääntulo b, joka menee alemman NOR -portin sisääntuloon. Sen sisääntulot (b ja c) ovat nyt 01 ja ulos tulee nolla, mihin portti on vallan tyytyväinen. Jälleen ollaan vakaassa tilanteessa.

Katsomalla tilanteita, jotka piiri on läpikäynyt, huomataan, että samoilla sisääntuloilla [a, b] = 00 on **kaksi** toisistaan poikkeavaa vakaata tilannetta, joissa ulostulot [c, d] ovat 01 ja 10. Piirillä on siis kyky *muistaa* tilansa ja jopa siirtyä hallitusti kahden eri *tilan* välillä. Tällainen piiri on *yhden bitin muisti* ja sillä on oma nimensäkin, *SR-lukkopiiri* eli SR-latchi.

1.2 SR -lukkopiiri

SR-lukkopiirin nimi tulee siitä, että käyttämällä sen toista sisääntuloa ylhäällä, piiri *asettuu* (englanniksi '*set*') tilaan, jossa sen ensimmäinen ulostulo on 1. Käyttämällä toista sisääntuloa ylhäällä piiri sen sijaan *nollautuu* (englanniksi '*reset*') eli sen ensimmäisen ulostulon arvoksi tulee nolla. Toinen ulostuloista asettuu aina vastakkaiseen tilaan kuin ensimmäinen joten ensimmäistä ulostuloa kutsutaan piirin ulostuloksi **Q** ja toista taas ulostulon komplementiksi tai *invertoiduksi ulostuloksi*, $\overline{\mathbf{Q}}$. Sisääntuloista se, jonka ylhäällä käyminen aiheuttaa Q:n nousemisen kutsutaan sisääntuloksi **S** (set) ja toista sisääntuloksi **R** (reset). Nimeämällä piirin signaalit tämän käytännön mukaisesti saadaan kytkentä:

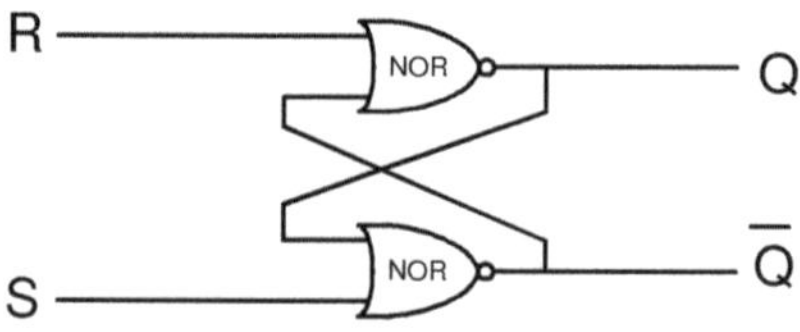

SR -lukkopiirin kytkentä

Komponentin piirrossymbolissa S sijoitetaan ylös ja R alas:

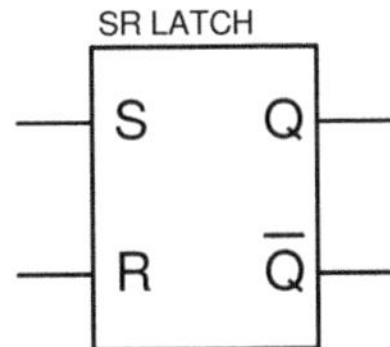

SR -lukkopiirin piirrossymboli

SR -lukkopiiri on kaikkein yksinkertaisin, halvin ja itse asiassa huonoin mahdollinen muistielementti, mutta se on kaiken alku ja juuri. SR -lukkopiirin voi rakentaa erillisistä NOR -porteista, mutta vain käyttämällä sellaista tekniikkaa, joka sallii porttien vaihtaa tilaansa toisistaan riippumatta. Esimerkiksi markkinoilla 70-luvulta saakka olleilla 74- ja 4000-sarjan erillislogiikkapiireillä se onnistuu, kuten myös suunniteltaessa suoraan piille. Sen sijaan ohjelmoitavilla logiikkapiireillä se ei onnistu. Usein niissä on erillisten logiikkaporttien sijaan pieniä ohjelmoitavia taulukoita, joista tulokset katsotaan. Tällöin logiikkaporttien tilanvaihdokset eivät ole toisistaan riippumattomia eikä ohjelmoitavilla logiikkapiireillä voi tehdä SR -lukkopiiriä erillisporteista. Jos ohjelmoitavassa logiikkapiirissä voi toteuttaa SR-lukkopiirejä, ne ovat käytettävissä *primitiiveinä*. Silloin SR -lukkopiiri löytyy suoraan suunnitteluohjelmiston komponenttilistasta.

Muistielementeille, kuten lukkopiireille, ei piirretä totuustaulua. Sen sijaan taulukkoa, joka kuvaa piirin tilanvaihdoksia kutsutaan *tilatauluksi*. SR -lukkopiirin tilataulu on seuraavanlainen:

S R	Q	$\overline{Q}$
0 0	Q^{-1}	$\overline{Q}^{-1}$
0 1	0	1
1 0	1	0
1 1 (ei sallittu)	X	X

SR -lukkopiirin tilataulu

Tilataulussa huomiota herättävintä on ensimmäisen rivin merkintätapa. Merkintä Q^{-1} tarkoittaa Q:n *edellistä tilaa* (tai tarkemmin sanottuna Q:n arvoa 1 jakso sitten). SR -lukkopiirille ei ole yleisesti määritelty toimintaa sellaisessa tilanteessa, jossa sekä S että R ovat molemmat ylhäällä, vaan ulostulojen tila on *määrittelemätön* ja tilanne on *ei sallittu*. Jos SR -lukkopiirin toteutustapa on tunnettu, toiminnan voi toki selvittää. Lukijalle jätetään harjoitustehtäväksi sen tutkiminen, miten NOR -porteista rakennettu lukkopiiri käyttäytyy, kun molemmissa sisääntuloissa on 1.

SR -lukkopiireistä voi rakentaa **aivan totaalisen surkean** “ovilukon”. Ihan heti täytyy varoittaa: älä missään nimessä ikinä suunnittele mitään tällaista! Esimerkin tehtävä on valottaa SR-lukkopiirin toimintaa ja erityisesti sen heikkouksia!

Tehtävänä olisi tehdä ovilukko, jossa painamalla nappeja “a”, “b”, “c” ja “d” peräkkäin lukko aukeaisi. Käyttäen painonappeja, joiden ulostulo olisi 1 kun nappia on painettu ja nolla muuten, sekä SR -lukkopiirejä, se voisi tapahtua näin:

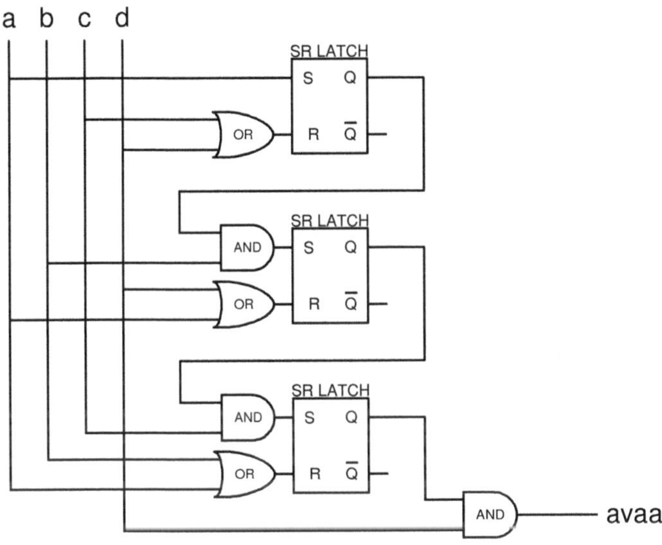

Huonosti toimiva ovilukkopiiri

On kytkennässä sentään jotain ajatusta. Toden totta, se kyllä avaa lukon painettaessa “a”, “b”, “c” ja “d” peräkkäin. “a”:n painallus nostaa ensimmäisen lukkopiirin ulostulon ylös. Se JA “b”:n painallus nostavat toisen lukkopiirin ylostulon ylös. Kun kolmas lukkopiiri on tilassa 1 ja d:tä painetaan, “avaa” nousee ylös. Lukkopiirien R-sisääntuloja koetetaan käyttää siten, että lukkopiiri menisi aina 0 -tilaan, jos “väärää” nappia painetaan.

Ongelman juurille pääsee miettimällä ensiksi miksi ensimmäisen lukkopiirin R-sisääntuloon ei orrata “b”:tä, vaikka se ensi alkuun vaikuttaisikin järkevältä. Ajatellaanpa tilannetta, jossa “a”:ta on painettu ja ensimmäisen lukkopiirin ulostulo on 1. Jos “b”:n painaminen sekä resetoisi ensimmäisen lukkopiirin että asettaisi toisen, kysymyksessä olisi *kilpajuoksutilanne*. Kuvan kytkennässä vaikuttaa selvältä, että "b":n painallus ehtii nostamaan toisen lukkopiirin ylös ennen kuin ensimmäisen alaslaskeminen ehtii estämään tätä. Käytännössä tällaiset oletukset ovat **erittäin vaarallisia**. SR -lukkopiirillä saattaa olla ajoitusvaatimuksia, esimerkiksi minimipulssinpituus, jotka täytyy täyttää. Piirille tuleva lopullinen kytkentä saattaa myöskin poiketa siitä, mitä suunnittelija on ajatellut. Esimerkiksi ohjelmoitavissa logiikkapiireissä ei voi olla mitenkään varma siitä, minkälaiseen muotoon suunnitteluohjelmisto on muuntanut kytkentäkaavion ennen piirin ohjelmointia.

Glitchit

Perusongelma on, että kaikessa kombinatorisessa logiikassa on häiriöitä. Niitä kutsutaan *glitcheiksi* ja ne aiheuttavat ylimääräisiä ylös-alas -siirtymiä porttien ulostuloihin. Ne johtuvat epäsymmetrisyyksistä signaalien ajoituksissa.

Ajatellaanpa esimerkiksi kytkentää $z = a\bar{a}$. Sen ulostulohan on identtisesti 0, koska mikä tahansa signaali andattuna komplementtinsa kanssa on nolla. Käytännössä kuitenkin fyysinen maailma ei ole näin yksioikoinen. Kytkentä muodostettaisiin invertteristä ja and -portista, joista kumpikaan ei ole äärettömän nopea. Katsotaanpa, miten käy, kun otetaan porttien viiveet huomioon:

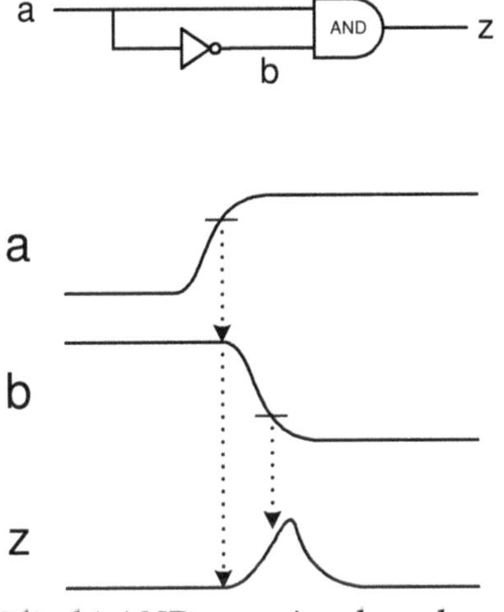

Glitchi AND -portin ulostulossa

Hetken aikaa (nuolten välisen ajan) AND -portti "näkee" sisääntulossaan kaksi ykköstä. Innoissaan se lähtee ajamaan ulostuloaan ylös. Mutta pian, invertterin etenemisviiveen jälkeen, sisääntuloissa onkin 1 ja 0. AND -portti jarruttelee ylöspääsemisen riemuaan ja ajaa ulostulonsa takaisin alas. Näin syntyi glitchi, joka saattaa häiritä "z":n jälkeen olevaa logiikkaa. Ne ovat kombinatorisessa logiikassa varsin yleisiä.

1.3 D-lukkopiiri

SR -lukkopiirin perusongelma on se, että pienikin heilahdus S- tai R-sisääntulossa riittää usein muuttamaan lukkopiirin tilan. Kombinatorisessa logiikassa ylimääräisiä heilahduksia, glitchejä, tapahtuu tämän tästä ja vanhaan, ei niin hyvään, aikaan oli tapana käyttää erilaisia konsteja kuten ylimääräisiä logiikkaportteja ja usein erillisiä vastuksia ja alipäästösuodatinkondensaattoreita sen varmistamiseksi ettei glitchejä synny. Kytkentöjen monimutkaistuessa tämä kävi sangen vaikeaksi ja peli on viimeistään menetetty ohjelmoitavien logiikkapiirien myötä. Niiden toimintaperiaatteesta johtuen logiikkaporttien glitchien estäminen on niissä *aina mahdotonta* ja on täytynyt kehittää sellaisia komponentteja ja suunnittelutapoja jotka eivät häiriinny glitcheistä.

Ensimmäinen askel kohti paremmin toimivia muisti- eli *rekisteri*elementtejä on D-lukkopiiri eli D-latchi. Se tehdään seuraavasti:

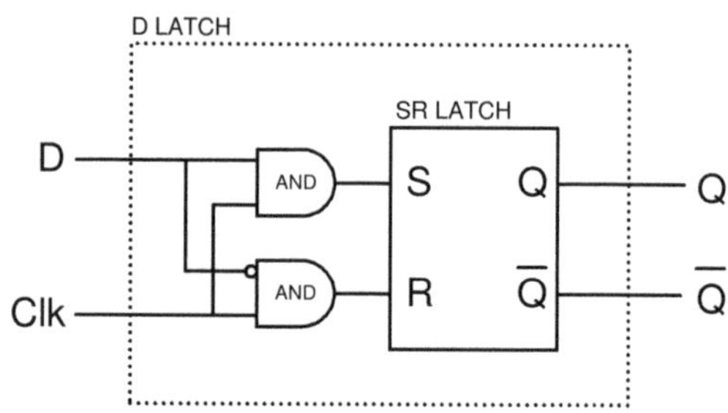

D-lukkopiirin kytkentä

D-lukkopiirissä on kaksi sisääntuloa, D eli *data* ja Clk eli *kello*. Nopeasti huomataan, että kun Clk on alhaalla, ovat SR-lukkopiirin S ja R -sisääntulot aina alhaalla eli lukkopiiri ei voi vaihtaa tilaansa. Toiminta vaatii tietysti, että käytetyissä AND -porteissa ei voi syntyä glitchejä. Kun Clk on ylhäällä ja D on ylhäällä, SR-lukkopiirin S on myös ylhäällä ja tällöin Q nousee ylos. Jos taas Clk on ylhäällä ja D alhaalla, on R ylhäällä ja Q laskee alas. Siten lukkopiirin tilaksi tulee aina D:n arvo silloin kun Clk on ylhäällä.

Sanotaankin, että *Q seuraa D:tä* kun Clk on ylhäällä. Tästä D-lukkopiiri on saanut toisen nimensä: *läpinäkyvä lukkopiiri*. Q seuraa D:n arvoa koko sen ajan, kun Clk on ylhäällä. Kun Clk laskee alas, Q jää siihen tilaan, jossa se oli Clk:n laskiessa alas.

Clk	**D**	**Q**
0	X	Q^{-1}
1	0	0
1	1	1

D-lukkopiirin tilataulu

D-lukkopiirin tilataulua luetaan siten, että kun Clk on 0, ulostulo pysyy samana D:n arvosta riippumatta. Kun Clk on ylhäällä, on Q nolla jos D = 0 ja Q = 1 jos D = 1. D-lukkopiirin piirrossymboli on seuraavanlainen:

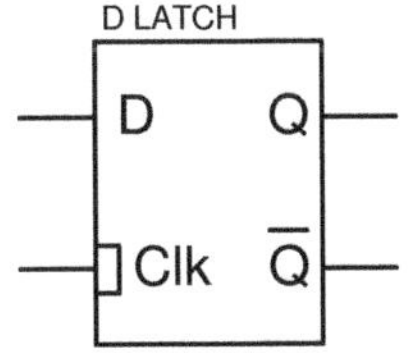

D-lukkopiirin piirrossymboli

D-lukkopiiri piirretään edellisen kuvan kaltaisesti. Erittäin tärkeä yksityiskohta on kellosignaaliin Clk piirretty kulmikas "lovi". Se, nimenomaan näin piirrettynä, merkitsee, että Clk on komponentille kellosignaali, joka on aktiivinen *ollessaan ylhäällä*. Tällaista signaalia kutsutaan *tasoaktiiviseksi kelloksi*.

Tiettyjen sekaannusten välttämiseksi lukkopiirin Clk -signaalia ei nykyään useinkaan kutsuta kelloksi vaan *latch enableksi*, jolloin se merkitään LE.

D-lukkopiiri on jo melkoinen parannus SR-lukkopiiriin verrattuna ja niitä on käytetty suunnittelussa laajasti. Esimerkiksi Intelin perinteiset mikroprosessorit on suunniteltu siten, että niihin voi liittää D-lukkopiirejä ongelmitta. Toimiakseen D-lukkopiiri tarvitsee vakaan, glitchittömän ja sopivasti ajoitetun signaalin Clk -sisääntuloonsa, jotta uusi arvo voitaisiin ladata piiriin ongelmitta. Näistä vaatimuksista viimeisin on hankalimmin toteutettavissa ja esimerkiksi edellä mainitut prosessorit käyttivät sekä hankalia että hämmentäviä tekniikoita sopivien Clk -signaalien tuottamiseksi.

D-lukkopiiri on halpa valmistaa, joten niitä on ollut ja on edelleen erilliskomponentteina markkinoilla runsaasti. Yleisin on 74-logiikkapiirisarjan edustaja 74HC573, jossa on kahdeksan D-lukkopiiriä yhdistettynä samaan kellosignaaliin, joten sitä voi käyttää kahdeksanbittisenä ulkoisena rekisterinä vaikkapa mikroprosessorijärjestelmissä. Hyvän saatavuuden ja halvan hinnan takia se on lähes kolmenkymmenen vuoden iästään huolimatta edelleen käypä valinta joihinkin sovelluksiin. Varsinaisessa digitaalisuunnittelussa, mikropiirien sisällä, ei lukkopiirejä kuitenkaan enää käytetä.

2 Kiikut

Kiikut ovat syrjäyttäneet lukkopiirit digitaalitekniikan perusrekisterielementteinä. Seuraavassa tutustumme siihen, mikä on kiikku ja kuinka sellainen on alunperin saatu tehdyksi.

2.1 Master-Slave -lukkopiiri

Tutkitaanpa seuraavaa kytkentää:

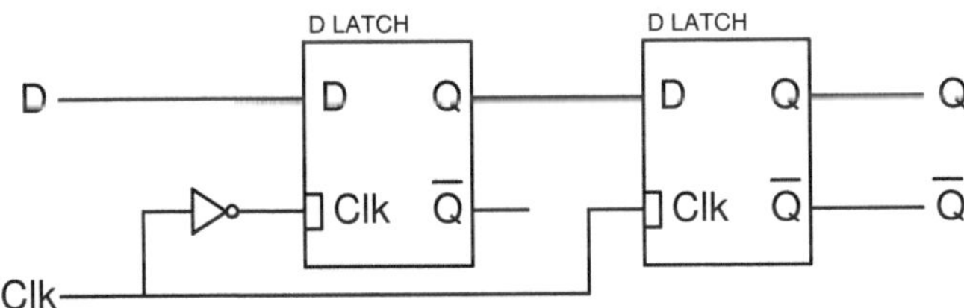

Kytkennässä on kaksi D-lukkopiiriä kytketty peräkkäin. Ensimmäiseen tulee Clk invertoituna, toiseen suoraan. Jälkimmäisen lukkopiirin datasisääntulo D tulee ensimmäisestä lukkopiiristä, jonka datasisääntulo tulee ulkoisesta signaalista D. Ulos tulevat jälkimmäisen lukkopiirin ulostulot.

Kuinka kytkentä toimii? Kun sisääntuleva Clk on alhaalla, on ensimmäisen D-lukkopiirin Clk ylhäällä, joten se seuraa sisääntuloaan D. Toisen D-lukkopiirin Clk on alhaalla, joten se säilyttää senhetkisen tilansa.

Mielenkiintoinen asia tapahtuu, kun Clk nousee alhaalta ylös. Ensimmäinen lukkopiiri lopettaa sisääntulonsa seuraamisen ja siirtyy vakaaseen tilaan, koska sen Clk laskee alas. Jälkimmäinen lukkopiiri sen sijaan siirtyy *seuraamaan edellisen lukkopiirin tilaa*, joka nyt siis sisältää sen arvon, joka sisääntulevalla D-signaalilla oli juuri ennen Clk:n nousemista ylös. Tästä syystä jälkimmäistä lukkopiiriä kutsutaan slaveksi ('orja') ja ensimmäistä masteriksi ('isäntä').

Rekisterin sanotaan olevan *reunaherkkä*, koska ulkopuolisen tarkkailijan näkökulmasta se on ladannut uuden arvonsa juuri sillä hetkellä, kun Clk -signaali nousee alhaalta ylös, eli Clk:n *nousevalla reunalla*. Teoreettisesti, ja käytännössäkin riittävällä tarkkuudella ajatellen tämä ajanhetki on rajattoman lyhyt eli *singulaarinen* ja siksi kytkentä lataa uuden arvonsa D:stä kerran ja vain kerran kun Clk nousee ylös eli sen taso tulkitaan ensimmäisen kerran ykköseksi. Tällä komponentilla on oma nimensä. Se on D-kiikku.

2.2 D-kiikku

D-kiikku on nykyisen digitaalisuunnittelutavan perusrekisterielementti. Siinä on yksi datasisääntulo D, yksi kellosisääntulo Clk ja ainakin ei-invertoitu ulostulo. Koska kiikku on englanniksi 'Flip-Flop[1]', sitä merkitään kirjainyhdistelmällä DFF, joka tulee sanoista Data Flip-Flop tai Delay Flip-Flop.

1. ...ja ruotsiksi '*vippa*', mikä ehkä auttaa ymmärtämään läntisiä naapureitamme paremmin.

D-kiikun piirrossymboli ja tilataulu ovat seuraavanlaiset:

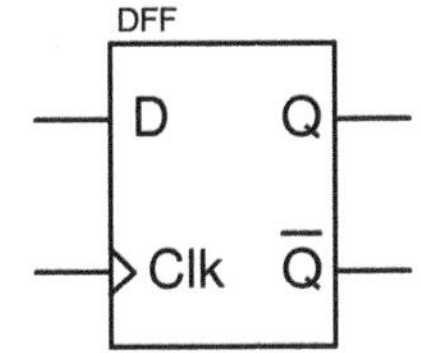

D-kiikun piirrossymboli

Clk	D	Q
0	X	Q^{-1}
1	X	Q^{-1}
↑	0	0
↑	1	1

D-kiikun tilataulu

Piirrossymbolissa merkittävintä on lukkopiiriin nähden erilainen symboli kellolle (Clk). Merkintä tarkoittaa *reunaherkkää kelloa*, ja nykyään oikeastaan vain reunaherkkää kelloa kutsutaan kelloksi. Toimintaa vastaa tilataulu, josta voimme lukea, että ulostulo pysyy aina samana oli sitten kello ylhäällä tai alhaalla, mutta muuttuu vain kellon nousevalla reunalla, eli kun kello nousee ylös, Q:n arvoksi tulee 0 jos D on 0 ja 1 jos D on 1. Toiminta voidaan myös ilmoittaa lauseella:

$$\textit{Kun Clk}\uparrow\textit{: } Q \Leftarrow D$$

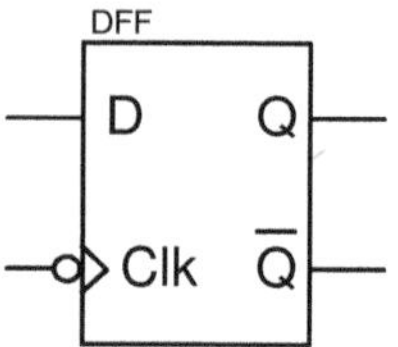

Laskevalla reunalla aktiivinen D-kiikku

Kiikku toimii siis kellon reunalla ja kiikkuja sisältäviä piirejä suunniteltaessa voidaan lähteä siitä ajatuksesta, että kiikku lukee sisääntulonsa äärettömän nopeasti. D-sisääntulo ei kuitenkaan saa vaihtua täsmälleen samaan aikaan kuin kello. Tarkempi analyysi asiasta sisältyy liitteeseen 1. Kiikku itsessään ei kuitenkaan ole äärettömän nopea, vaan signaalilla on nollasta poikkeava etenemisviive sisääntuloista ulostulon muuttumiseen.

D-kiikku voi myös toimia laskevalla kellonreunalla nousevan reunan sijaan. Silloin sen kellosisääntuloon piirretään invertointipallo. **On kuitenkin huomattava, että kiikku ei voi koskaan toimia *sekä* nousevalla *että* laskevalla kellonreunalla**. Mikäli asia ihmetyttää, niin miettiminen kannattaa aloittaa siitä, kuinka saisi edellisen kappaleen master-slave -kiikkukytkennän toimimaan molemmilla kellonreunoilla. Ei mitenkään. Tämä ei ole kuitenkaan mikään haitta, sillä kummallekin reunalle herkästä kiikusta ei olisi digitaalitekniikassa juuri mitään hyötyä. Tekniikasta on hyötyä vain hyvin marginaalisessa sovellusryhmässä, nimittäin tiedonsiirrossa suhteellisen pitkillä ja leveillä väylillä kuten tietokoneen prosessorin ja muistin välillä, joissa tekniikalla saadaan datalinjojen toimintataajuus yhtä suureksi kuin kellosignaalin taajuus. Jos asia kuitenkin mietityttää niin ettei tahdo yöunta saada, aihetta on käsitetty kirjan lopussa liitteessä.

Kiikkuja ei rakenneta itse lukkopiireistä tai logiikkaporteista vaan ne ovat aina primitiiveinä käytettävissä ohjelmoitavissa logiikkapiireissä tai solukirjastoissa. Kiikkua ei välttämättä myöskään ole toteutettu fyysisesti juuri master-slave -periaatteella, joten siitä ei voi vetää kiikun määritelmän ulkopuolella olevia johtopäätöksiä kiikun toiminnasta, nopeudesta tms.

2.3 T-kiikku

Jos D-kiikun invertoitu ulostulo kytketään sen sisääntuloon, saadaan komponentti, joka vaihtaa tilaansa joka kellojaksolla. saadaan T-kiikku (Toggle Flip-Flop), joka vaihtaa tilaansa joka kellojaksolla.

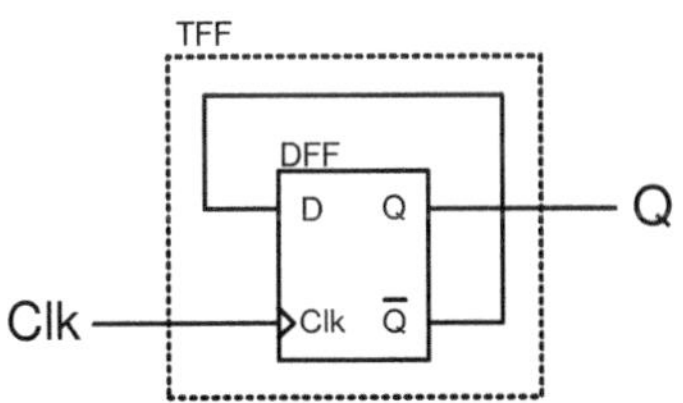

T-kiikun rakenne

T-kiikku toteuttaa toiminnan *kun Clk↑*: $Q \Leftarrow \overline{Q}$. Komponentti on käyttökelpoinen lähinnä taajuuden jakajana; jos sisään tulee esimerkiksi 10 megahertsiä, ulos tulee 5 megahertsiä. Asia selviää parhaiten katsomalla seuraavaa ajoituskaaviokuvaa. Ulostulo vaihtuu joka nousevalla reunalla.

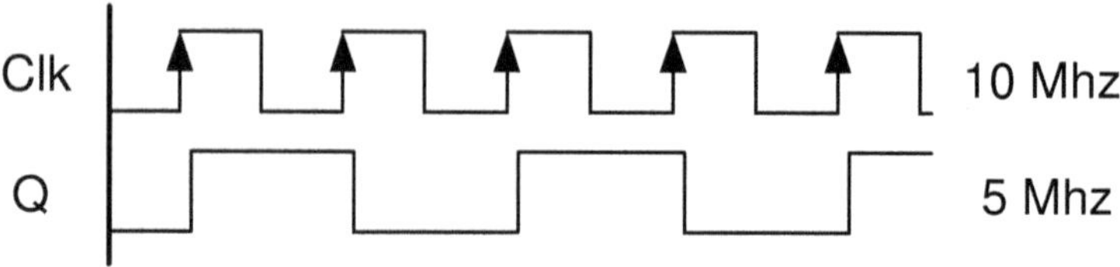

Ajoituskaavioesimerkki T-kiikun toiminnasta

T-kiikulla tällaisenaan on varsin rajallisesti käyttökohteita. Se on hyödyllisempi, kun siihen lisätään sisääntulo, jolla voidaan ohjata sitä, vaihtaako se tilaansa (*togglaa*) vai ei. Siitä myöhemmin.

2.4 JK-kiikku

JK -kiikku on eräs vanha kiikkutyyppi. Se piirretään vanhaan tapaan näin:

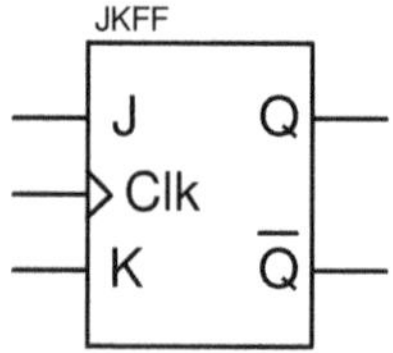

JK-kiikun perinteinen piirrossymboli

Piirtotavassa on tuulahdus aitoa 70-luvun digitaalisuunnitteluhenkeä, sillä kello on piirretty keskelle vasenta reunaa, mitä nykyään vältetään. Se ei haittaa, koska koko JK-kiikkua ei nykyään juuri käytetä. Vanhoissa kytkentäkaavioissa niitä sen sijaan näkee paljon, joten sen tunteminen on tarpeen.

JK-kiikkua käytettiin paljon siksi, että kaksi sisääntuloa J ja K antavat yhtä D-sisääntuloa enemmän mahdollisuuksia kiikun ohjaukseen ja siksi JK-kiikkua ohjaava logiikka voidaan usein toteuttaa pienemmällä porttimäärällä kuin D-kiikun ohjaus. D-kiikku vetää kuitenkin pisteet kotiin huomattavasti JK-kiikkua selkeämmällä ohjauksella. JK-kiikun tilataulu on seuraava:

Kun Clk↑:

J	K	Q
0	0	Q^{-1}
0	1	0
1	0	1
1	1	$\overline{Q}^{-1}$

JK-kiikun tilataulu

Kellon nousevalla reunalla tapahtuu seuraavaa: Jos [J, K] = 00, kiikku säilyttää tilansa. Kun [J, K] = 01, Q laskee alas. Kun [J, K] = 10, Q nousee ylös. Kun molemmat sisääntulot ovat ylhäällä, kiikku vaihtaa tilaansa.

J- ja K -sisääntulot antavat aina *kaksi* eri mahdollisuutta ohjauksen tekemiseen. Esimerkiksi jos kiikun ulostulossa on 0 ja se pitäisi saada nousemaan ylös, sen voi käskeä *menemään ylös* ([J, K] = 10) tai *vaihtamaan tilaansa* ([J, K] = 11) jolloin se niin ikään menee ylös. Logiikka, joka aikaansaa tilanvaihdoksen on siis [J, K] = 10 tai 11 eli 1X. Sama Boolen algebralla olisi $J\overline{K}$ + JK = J ($\overline{K}$ + K) = J (1) = J.

Koska jokaiseen tilan asetukseen (pysy nollassa, mene nollaan, mene ykköseen, pysy ykkösessä) on kaksi mahdollista ohjausta, tulee JK -kiikun ohjauslogiikasta yleensä porttimäärältään pienempi kuin vastaavasta ohjauslogiikasta D-kiikulle.

JK -kiikku voidaan ajatella D-kiikun laajennuksena purkamalla auki kaikki JK -kiikun tilataulun rivit ja sijoittamalla Q:n uusi arvo *D-kiikun D-sisääntuloon.* Q sisältää kiikun vanhan tilan, D uuden tilan:

J	K	Q	D
0	0	0	0
0	0	1	1
0	1	0	0
0	1	1	0
1	0	0	1
1	0	1	1
1	1	0	1
1	1	1	0

JK-kiikun toimintalogiikan totuustaulu

Totuustaulu voidaan ratkaista Karnaugh'n kartalla:

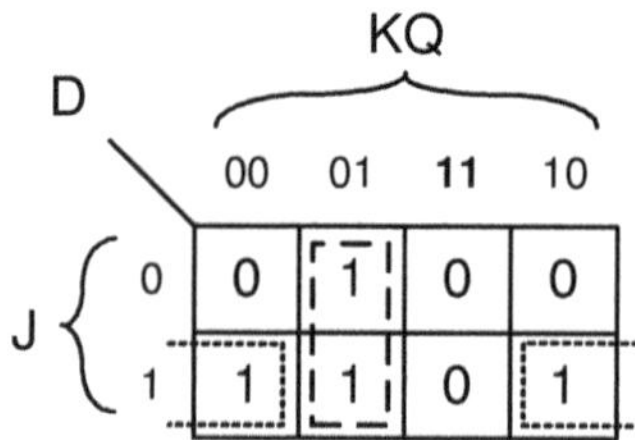

JK-kiikun toimintaa vastaava ohjauslogiikka D-kiikulle

$$D = J\overline{Q} + \overline{K}Q$$

Lauseesta voidaan tehdä toteutus JK-kiikulle:

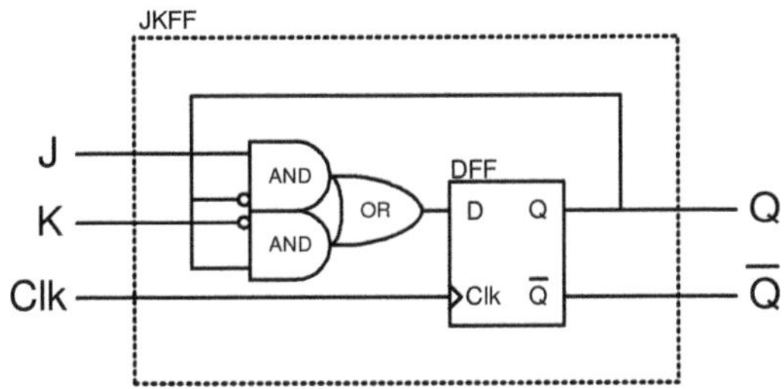

JK-kiikun toteutus D-kiikun avulla

JK-kiikusta voisi tehdä alkuperäistä käyttökelpoisemman T-kiikun. Tosin siihenkin on parempia ratkaisuja.

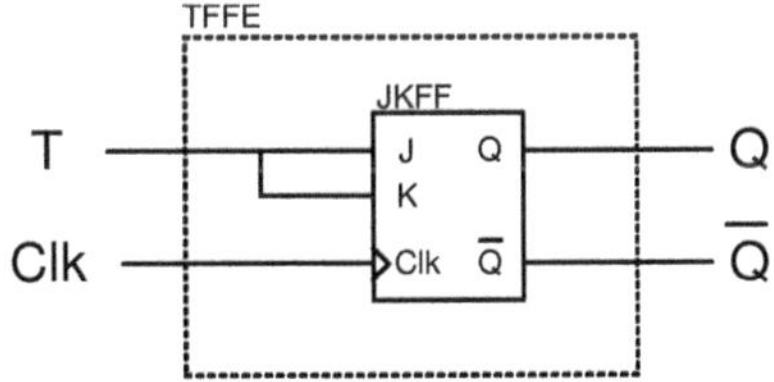

Enable -sisääntulolla varustettu T-kiikku toteutettuna JK-kiikulla

3 Sekvensserit

Sekvensserit, ovat sekventiaalisen logiikan elementtejä, jotka toistavat samaa tilojen sarjaa loputtomiin. Suomenkielisissä teksteissä sekvenssereitä kutsutaan usein *laskureiksi*. Tässä kirjassa laskurilla tarkoitetaan sellaista sekvensseriä, jonka tilojen sarja eli *sekvenssi* muodostaa jonkin matemaattisesti mielekkään sarjan, kuten esimerkiksi kolmebittisten etumerkittömien kokonaislukujen sarjan 0, 1, 2, 3, 4, 5, 6, 7 binäärijärjestelmässä. Tämä nimeämiskäytäntö noudattaa englanninkielisissä teksteissä noudatettua käytäntöä. Sekvensseri on englanniksi *sequencer* ja laskuri *counter*.

3.1 Yksinkertainen binäärilaskuri

Tutkitaanpa seuraavaa kytkentää:

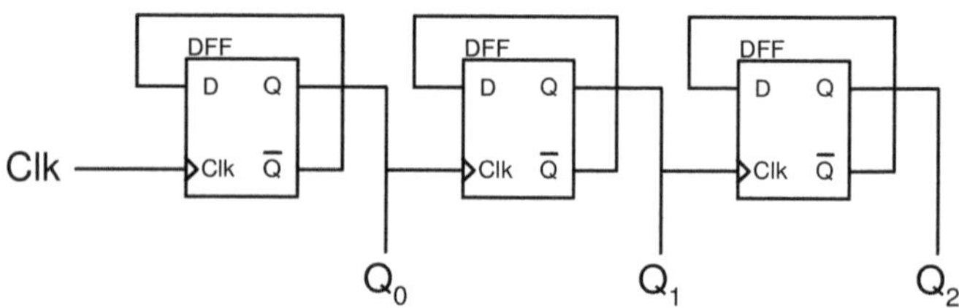

Yksinkertainen laskurikytkentä

Kytkennässä on kolme D-kiikkua järjestettynä peräkkäin siten, että kunkin kiikun ulostulo on kytketty seuraavan kiikun kelloon. Ensimmäisen kiikun kello tulee järjestelmäkellosta Clk. Jokaisen kiikun sisääntulo tulee saman kiikun invertoidusta ulostulosta ja kiikkujen ulostuloille on annettu nimet Q_2, Q_1, ja Q_0.

Kaikki kiikut ovat nousevalla reunalla aktiivisia, joten on helppo tutkia miten kiikut käyttäytyvät. Yksittäinen kiikku käyttäytyy kuten T-kiikku, joten kiikku vaihtaa tilaansa aina, kun sen kellosisääntulossa on nouseva reuna. Tästä saadaan ajoituskaavio:

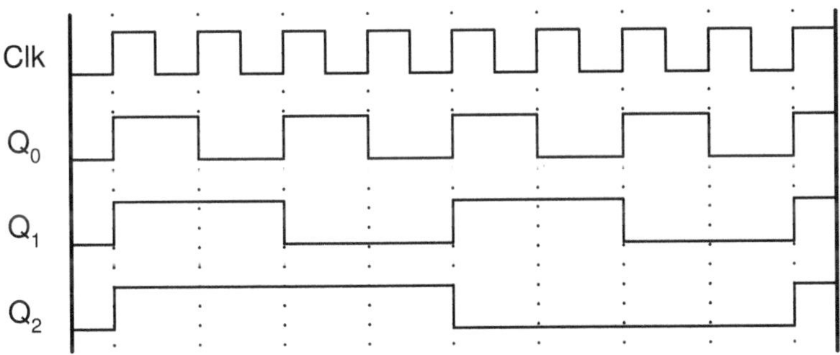

Yksinkertaisen laskurikytkennän ajoituskaavio

Jokainen kiikku vaihtaa tilaansa, kun sitä edeltävän kiikun ulostulossa on nouseva reuna. Alussa kaikki kiikkujen ulostulot ovat alhaalla, eli järjestelmän tila $[Q_2, Q_1, Q_0]$ = 000. Ensimmäisen nousevan kellonreunan jälkeen tila on 111. Sitten 110, 101, 100, 011, 010, 110 ja viimein 000, jolloin sykli alkaa taas alusta. Jos tätä tilojen sarjaa eli sekvenssiä tulkitaan etumerkittömänä binäärilukuna, sekvenssi on 0,7,6,5,4,3,2,1,0,7,6,5,4,... ja niin edelleen.

Huomataan, että kytkentä on *binäärinen alaspäinlaskija* eli englanniksi *binary downcounter.* Rakenteeltaan sen sanotaan olevan *ripple counter.* Nimitys, jolle ei ole otettu käyttöön erityista suomennosta, kuvaa sitä, että kiikun ulostulo viedään aina seuraavan kiikun kelloon.

Ripple counterit ovat binäärilaskureista yksinkertaisimpia, sillä ne eivät vaadi kiikkujen lisäksi mitään logiikkaportteja ohjaukseen. Ne ovat myös laskureista hitaimpia, koska peräkkäisten kiikkujen viiveet summautuvat. Tätä havainnollistaa tarkempi ajoituskaavio:

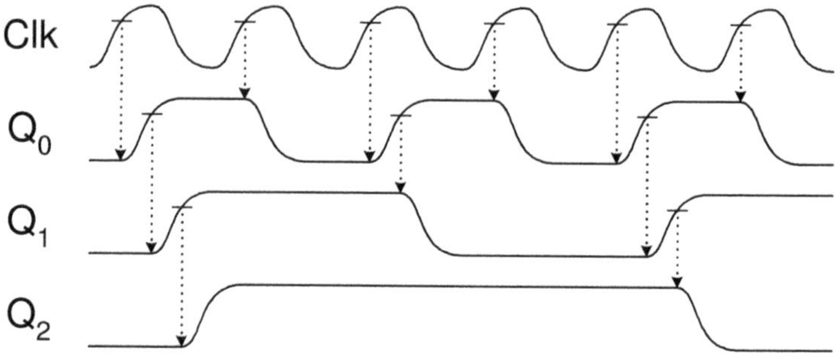

Ripple counterin ajoituskaavio kun kiikkujen viiveet on otettu huomioon

Jos käytettäväksi teknologiaksi valitaan suhteellisen halpa ja hidas teknologia, jonka kiikkujen etenemisviive on viisi nanosekuntia, kuluu kellon reunasta viimeisenkin ulostulon päivittymiseen tässä laskurissa $3 \cdot 5$ ns = 15 ns. Tällöin sen maksimikellotaajuus on 1 : 15 ns ≈ 66,66 megahertsiä. Jos laskuri olisi kolmebittisen sijaan 16-bittinen, olisi sen kokonaisviive $16 \cdot 5$ ns = 80 ns ja maksimikellotaajuus 12,5 megahertsiä.

Laskuria voi kyllä kellottaa yksittäisen kiikun maksiminopeudella, joka on siis tässä tapauksessa 200 megahertsiä jolloin kellon nouseva reuna tulee viiden nanosekunnin välein. Laskuri kyllä toimii, mutta sitä ei voi silloin hyödyntää juuri missään. Kaikki kiikut nimittäin vaativat, että niiden sisääntulo on vakaa kellon nousevalla reunalla. Jos laskurin jotakin ulostuloa yritetään lukea johonkin kiikkuun ennen kuin se on varmasti päivittynyt, saattaa käydä niin, että ulostulon tila on luentahetkellä juuri vaihtumassa, mikä voi aiheuttaa kiikussa *metastabiiliudeksi* kutsutun vakavan virhetilanteen. Aihetta on sivuttu liitteessä 1.

3.2 Synkroninen suunnittelu

Aiemmin SR-lukkopiireistä puhuttaessa sanottiin, että yksi digitaalisuunnittelun perusongelma on logiikkapiirien ulostulojen ylimääräinen tilanvaihtelu eli glitchit, joita syntyy, kun logiikkaporttien sisääntulot vaihtuvat. Silloin todettiin, että järjestelmien monimutkaistuessa glitcheistä kokonaan eroon pääseminen on tullut mahdottomaksi. Parikymmentä vuotta sitten sanottiin, että glitchi on logiikkapiirin ulostulon ylimääräinen heilahdus, josta pitää päästä eroon huolellisella suunnittelulla. Nykyään sanotaan paremminkin, että glitchit ovat ylimääräistä pörinää, jota signaaleissa esiintyy aina järjestelmäkellon reunojen välillä.

Koska glitchejä ei, erityisesti ohjelmoitavissa logiikkapiireissä, nykyään enää *voi* välttää, ei tässäkään kirjassa lainkaan puhuta niistä vanhoista menetelmistä, joilla glitcheistä aiemmin pyrittiin pääsemään eroon. Sen sijaan täytyy suunnitella sellaisia kytkentöjä, joiden toiminta ei häiriinny glitcheistä. Tällainen suunnittelumenetelmä on olemassa ja se on nimeltään *synkroninen suunnittelu*.

Sana synkroninen tulee kreikan kielestä. Etuliite '*syn-*' tarkoittaa 'samaa' tai 'yhdessä' ja kantasana '*kronos*' tarkoittaa aikaa. Sana 'synkroninen' tarkoittaa siis '*samanaikaista*'.

Synkronisessa suunnittelussa on yksi perussääntö: kaikkien kiikkujen kellojen täytyy tulla samasta lähteestä, jota sanotaan *järjestelmäkelloksi* tai *systeemikelloksi*. Piirin kellotaajuus on sen järjestelmäkellon taajuus. Esimerkiksi edellä käsitelty ripple counter ei noudata tätä sääntöä, vaikka se muuten toimiikin, ja luvussa mainittiinkin ongelmista, joita syntyy, jos sitä yritetään käyttää liian suurella kellotaajuudella. Ripple counteria voi käyttää ainoastaan, jos sen sisääntuleva kellosignaali tulee järjestelmäkellosta, ja järjestelmäkello on riittävän hidas. Se ei kuitenkaan ole suositeltavaa koska parempiakin ratkaisuja on olemassa.

Sitä, että kaikkien järjestelmän kiikkujen kellosignaali tulee samasta lähteestä kulkematta minkään komponentin läpi sanotaan *vahvaksi synkronisuusehdoksi*. Jos järjestelmä toteuttaa tämän ehdon, sen häiriintymättömyys glitcheistä voidaan taata hyvin yksinkertaisesti.

Synkronisen suunnittelun toiminta-ajatus on varsin yksinkertainen. Digitaalinen järjestelmä koostuu kahdenlaisista komponenteista: logiikkaporteista ja kiikuista. Huomaa, että lukkopiirit eivät kuulu tähän joukkoon ja niitä ei saa synkronisessa suunnittelussa käyttää. Tällöin mikä tahansa järjestelmä toimii siten, että kiikut sisältävät *järjestelmän tilan. Tilan käsittely* tehdään logiikkaporteilla. Logiikkaporttien sisääntulot on kytketty kiikkujen ulostuloihin ja kiikkujen sisääntulot on kytketty logiikkaporttien ulostuloihin.

Järjestelmäkellon reunalla ladataan kiikkuihin uusi tila. Tästä seuraa kiikkujen ulostulojen päivittyminen ja mahdolliset tilan vaihdokset. Silloin, ja vain silloin, muuttuvat logiikkaporttien sisääntulot ja logiikkaportit muodostavat uuden tilan ulostuloihinsa. Uusien arvojen kulkiessa porttien läpi syntyy glitchejä.

Glitchit eivät haittaa, koska ne tapahtuvat *järjestelmäkellon reunan jälkeen.* Kiikut ovat silloin jo ladanneet uudet arvonsa ja odottelevat kaikessa rauhassa uutta reunaa järjestelmäkellossa, häiriintymättä glitcheistä lainkaan. Uusi kellonreuna saa tulla vasta, kun kaikkien logiikkaporttien ulostulot ovat valmiina. Kellotaajuuden täytyy olla riittävän pieni, jotta kaikki logiikkaportit ehtivät toimia.

Synkronisessa suunnittelussa ei myöskään saa käyttää kiikuista usein löytyviä asynkronisia asetus- ja nollaussignaaleja SET ja RESET mihinkään muuhun, kuin kiikkujen nollaamiseen järjestelmään virtaa päälle kytkettäessä.

ESIMERKKI

Kysymys:
Mikä on allaolevan kytkennän maksimikellotaajuus, jos invertterin etenemisviive on 1 nanosekunti, AND- ja OR -porttien etenemisviive on 3 nanosekuntia, D-kiikun etenemisviive on 5 nanosekuntia ja D-kiikun sisääntulon täytyy olla vakaa vähintään 0,5 nanosekuntia ennen nousevaa kellonreunaa?

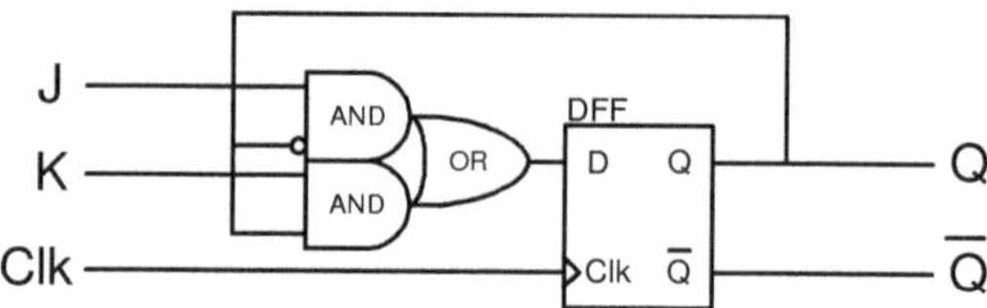

Vastaus:
Kytkennän hitain signaali eli kriittinen polku on Q:sta invertterin, andin ja orrin läpi D:hen ja edelleen Q:hun. Aloittaen D-sisääntulosta signaalin kokonaisetenemisviiveeksi tulee D-kiikun etenemisviive 5 ns + invertterin etenemisviive 1 ns + AND -portin etenemisviive 3 ns + OR -portin etenemisviive 3 ns eli yhteensä 12 ns. Kun tähän lisätään vielä D-kiikun vaatima sisääntulon vakausaika 0,5 ns saadaan lyhimmäksi sallituksi kahden nousevan kellonreunan ajaksi 12,5 nanosekuntia. Maksimikellotaajuus on tämän ajan käänteisluku, eli:

$$f_{max} = \frac{1}{12{,}5\ \mathrm{ns}} = \underline{80\ \mathrm{MHz}}$$

3.3 Clock Enable

Vahva synkronisuusehto edellyttää yksiselitteisesti, että järjestelmän kaikkien kiikkujen kello tulee tuoda suoraan järjestelmäkellosta ilman mitään välikomponentteja. Usein täytyy kuitenkin pystyä ohjaamaan sitä, ladataanko kiikkuun uusi arvo vai ei. Silloin saattaa syntyä kiusaus kytkeä kelloon kombinatorista logiikkaa esimerkiksi näin:

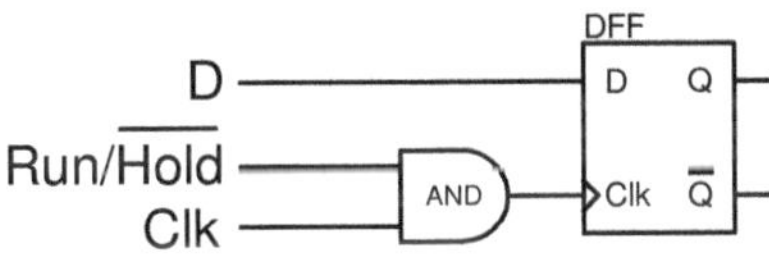

Ongelmiin johtava yritys ohjata kiikun toimintaa

Ajatuksena on tietysti, että Run/$\overline{\text{Hold}}$ -signaali alhaalla ollessaan estää nousevien kellonreunojen kulkemisen kiikulle ja sen seurauksena uuden tilan lataamisen kiikkuun, koska onhan logiikan mukaan ANDin ulostulo nolla kun sen toinen sisääntulo on nolla. Näin ei kuitenkaan ole, koska AND -portti on logiikkaportti ja logiikkaportit tuottavat glitchejä. Tätä asiaa ei voi painottaa liian paljon. Ohjelmoitavissa logiikkapiireissä jopa yksittäinen invertteri aiheuttaa glitchejä. Glitchi AND -portin ulostulossa voi aikaansaada sen, että kiikku lataa uuden arvon väärässä paikassa, tai mikä pahempaa, voi aiheuttaa koko kiikun sekoamisen, mikä pahimmassa tapauksessa leviää kiikusta toiseen koko järjestelmään.

Ongelmaan on kuitenkin olemassa yksinkertaisuudessaan nerokas ratkaisu. Se on esitetty seuraavassa kytkennässä:

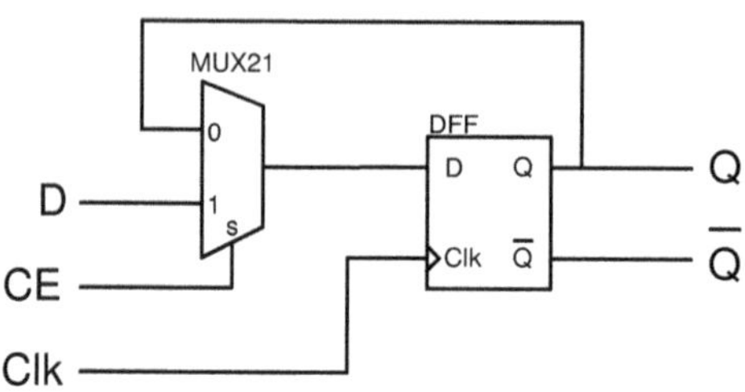

D-kiikku, jossa toimiva Clock Enable -kytkentä

Sen sijaan, että yritettäisiin ohjata kiikun kelloa, ohjataankin sen D-sisääntuloa kytkemällä siihen yksi kahdesta -multiplekseri.

Kun multiplekserin valintalinja on alhaalla, multiplekserin ulostuloon tulee sen ylemmän sisääntulon arvo. Tämä otetaan kiikun ulostulosta. Toisin sanoen, kun CE on alhaalla, kiikku ei koskaan vaihda tilaansa koska uudeksi tilaksi tulee aina sama tila kuin mikä kiikussa jo oli. Kun CE on ylhäällä, multiplekseri reitittää uuden arvon ulkoisesta D-sisääntulosta kiikun D-sisääntuloon. Uusi arvo ladataan Clk:n nousevalla reunalla.

Signaalia, joka viedään multiplekserin valintasisääntuloon, kutsutaan Clock Enableksi eli CE:ksi, vaikkei sillä varsinaisesti ole mitään tekemistä kellon kanssa. Clock Enable -kytkentä kuitenkin toimii juuri niin kuin se sallisi (tai estäisi) kellonreunan tulemisen kiikkuun.

Koska kello voidaan nyt tuoda suoraan järjestelmäkellosta, kytkentä toteuttaa synkronisuusehdon.

3.4 Rekisteri

Rekisteri on yhdestä tai useammasta kiikusta muodostettu elementti, jolla on yksi kellosisääntulo, esimerkiksi:

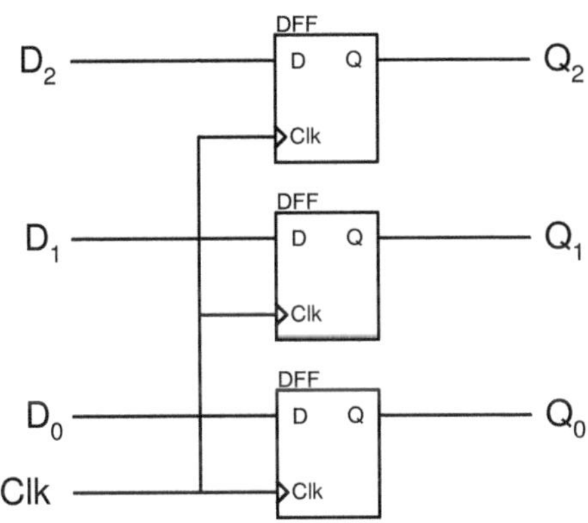

Kolmebittinen rekisteri

Ylläolevaa rekisteriä voidaan nimittää esimerkiksi DFF3:ksi, koska sehän on ikäänkuin kolmebittinen kiikku. Sen voi piirtää näin:

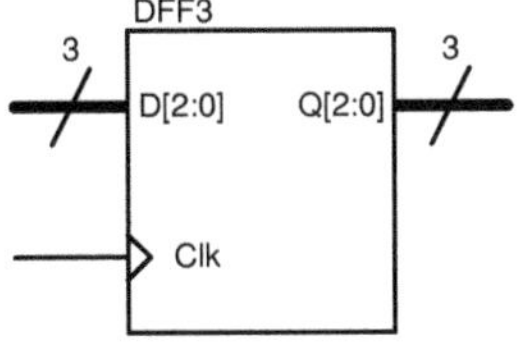

Kolmebittisen rekisterin piirrossymboli

Vanhaan aikaan rekisteriä kutsuttiin usein nimellä *akku* eli *akkumulaattori*. Sana tuo mukanaan lempeän tuulahduksen tietojenkäsittelytekniikan historian alkuajoilta[1]. Nimitys tulee rekisterin ilmeisimmästä käyttötarkoituksesta: laskutoimituksen tulosmuistista.

Esimerkiksi tavallisessa taskulaskimessa kulloinkin näytöllä näkyvä tulos on tallessa rekisterissä. Rekisterin arvoa voi manipuolida kohdistamalla siihen erilaisia laskutoimituksia. Esimerkiksi kirjanpidossa yleisin laskutoimitus on summa. Lukuja yhteen summatessa luvut summataan rekisteriin. Tällöin rekisterin arvo kasvaa ja tulos *akkumuloituu* rekisteriin. Sana tulee latinan kielestä, jonka verbi '*accumulare*' tarkoittaa kasaantumista tai keräytymistä ja sen kantasana '*cumulus*' tarkoittaa kekoa.

Nykyään termiä 'akku' käytetään erityisesti signaaliprosessoreissa rekisteristä, jota käytetään vain laskutoimituksiin. Usein se voi säilyttää tarkemman tuloksen kuin prosessorin muut rekisterit. Digitaalitekniikassa akku tarkoittaa usein rekisteriä, jossa on sisäänrakennettuna mahdollisuus summata rekisterin arvoon lukuja. Se toteutetaan kytkemällä kiinteästi yhteen rekisteri ja summain siten, että rekisterin ulostulo tulee summaimen toiseen sisääntuloon.

1. *The New Hacker's Dictionary* (http://www.hack.gr/jargon/) määrittelee sanan pääpiirteissään näin: Akkumulaattori: 1) Arkaainen rekisteriä tarkoittava termi. Termin käyttö on jokseenkin varma osoitus siitä, että sen käyttäjä on ollut kuvioissa mukana varsin pitkään ja/tai kysymyksessä oleva arkkitehtuuri on melko vanha. 2) Erityisesti laskutoimituksiin käytettävä rekisteri. 3) Vanhojen partojen käyttämä synonyymi paperilaatikolle esimerkiksi keskustelussa: "Voisitko vilkaista tätä raporttia?" "Joo, heitä se akkuun."

3.5 Tilasiirtymä

Sekvenssereissä on yksi rekisteri, jota kutsutaan *tilarekisteriksi*. Sen ulostuloja kutsutaan *nykyiseksi tilaksi* (PS, 'Present State') ja sisääntuloja *seuraavaksi tilaksi* (NS, 'Next State').

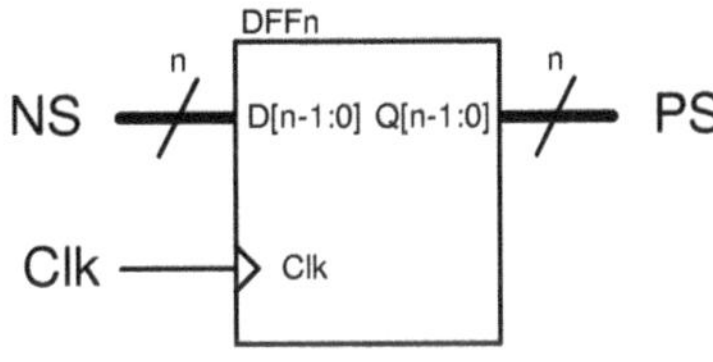

Tilarekisteri

Tilarekisteri on sekvensserin "sydän" ja sen toimintaa ohjaa *tilasiirtymälogiikka* eli PS → NS -logiikka. Tilasiirtymälogiikka määrää, mikä tila mitäkin tilaa seuraa. Se koostuu logiikkaporteista, jotka muodostavat tilarekisterin kiikkujen sisääntulot kiikkujen ulostulojen perusteella. Kellonreunalla uusi tila ladataan tilarekisteriin ja tilasiirtymälogiikka "laskee" taas uuden tilan. Komponentin toiminta voidaan kuvata toisiaan seuraavien tilojen sarjana. Tilat voivat seurata toisiaan missä järjestyksessä tahansa, mutta sama tila voi esiintyä sekvenssissä vain kerran. Tilojen maksimimäärä tulee suoraan tilarekisterin leveydestä; yksibittisellä rekisterillä voi olla kaksi tilaa, kaksibittisellä maksimissaan neljä, kolmebittisellä kahdeksan ja niin edelleen.

Tällaista toimintaperiaatetta noudattava sekvensseri kytketään siten, että tilarekisterin jokaisella kiikulla on sama kello. Niinpä sekvensseriä kutsutaan *synkroniseksi sekvensseriksi*. Niistä puhutaan seuraavaksi.

3.6 Synkroninen sekvensseri

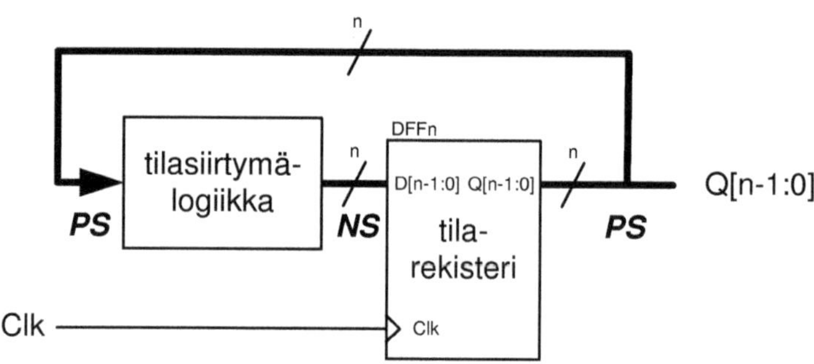

Synkronisen sekvensserin rakenne

Synkroninen sekvensseri on tärkein kaikista sekvensserityypeistä. Se on synkronisuuden ansiosta turvallinen käyttää ja myös huomattavasti nopeampi kuin esimerkiksi aiemmin käsitelty ripple counter koska kiikkujen viiveet eivät kertaudu vaan kaikki kiikut toimivat samanaikaisesti.

Paras tapa tutustua synkroniseen sekvensseriin on tehdä yksi sellainen. Tehdäänpä synkroninen kolmebittinen binäärinen ylöspäinlaskija eli *binary upcounter*, CB3.

Laskurin toimintasekvenssi on kymmenjärjestelmässä 0, 1, 2, 3, 4, 5, 6, 7. Tätä laskuri toistaa loputtomiin.

Synkroniset sekvensserit suunnitellaan aina samalla tavalla. Ensin hahmotetaan toimintasekvenssi, josta saadaan tilasiirtymälogiikan totuustaulu. Totuustaulusta tehdään tilasiirtymälogiikka esimerkiksi Karnaugh'n kartoilla ja Boolen algebralla. Viimeisessä vaiheessa sekvensseri piirretään.

Ensiksi kirjoitetaan sekvenssi binäärisenä. Se on 000 → 001 → 010 → 011 → 100 → 101 → 110 → 111 →. Tästä saadaan nykyinen tila - seuraava tila -logiikka siten, että tilasta 000 siirrytään tilaan 001, tilasta 001 tilaan 010 ja niin edelleen. Tilasta 111 siirrytään takaisin alkuun. Näin saadaan totuustaulu:

PS			NS		
Q_2	Q_1	Q_0	D_2	D_1	D_0
0	0	0	0	0	1
0	0	1	0	1	0
0	1	0	0	1	1
0	1	1	1	0	0
1	0	0	1	0	1
1	0	1	1	1	0
1	1	0	1	1	1
1	1	1	0	0	0

Totuustaulusta voidaan suoraan katsoa D_0. Aina, kun Q_0 on 0, D_0 on 1 ja toisinpäin. D_0 on siis Q_0:n inversio.

Karnaugn'n kartta D_1:lle on:

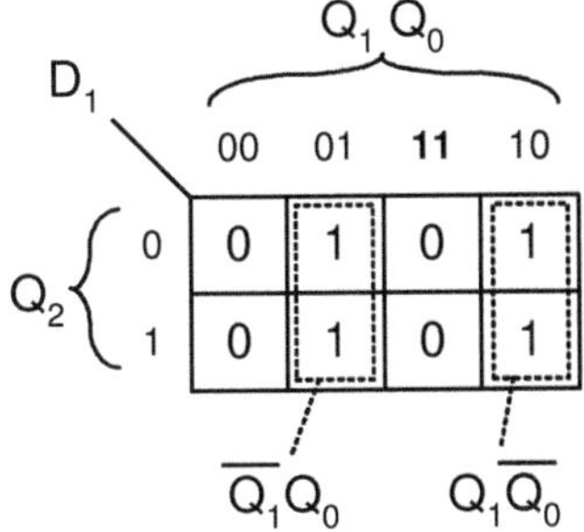

Kartasta saadaan $D_1 = \overline{Q_1}Q_0 + Q_1\overline{Q_0}$ joka Boolen algebralla optimoituu edelleen muotoon $D_1 = Q_1 \oplus Q_0$.

D_2 saadaan Karnaugh'n kartasta:

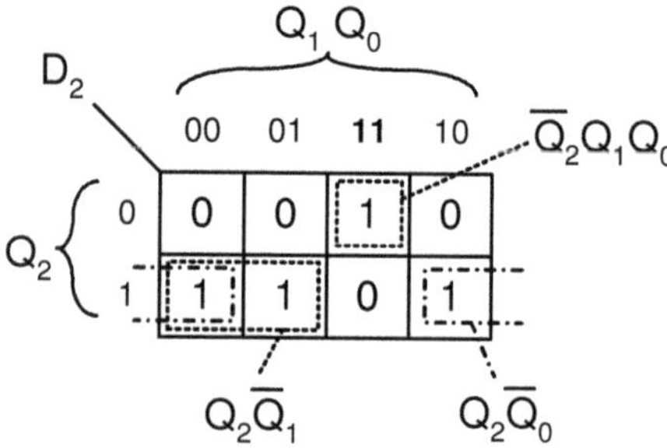

Varsin rankalla optimoinnilla Boolen algebralla saadaan:

$$\begin{aligned} D_2 &= Q_2\overline{Q_1} + Q_2\overline{Q_0} + \overline{Q_2}Q_1Q_0 \\ &= Q_2(\overline{Q_1} + \overline{Q_0}) + \overline{Q_2}Q_1Q_0 \\ &= Q_2(\overline{Q_1} + \overline{Q_0}) + \overline{Q_2}(\overline{\overline{Q_1} + \overline{Q_0}}) \\ &= \overline{Q_2 \oplus (\overline{Q_1} + \overline{Q_0})} \\ &= \overline{Q_2 \oplus \overline{Q_1Q_0}} \end{aligned}$$

Optimointi tapahtui seuraavasti: Lähdettiin liikkeelle Karnaugh'n kartasta saadusta muodosta. Ensin otettiin kahdesta ensimmäisestä tulolauseesta yhteinen tekijä Q_2. Sitten sovellettiin DeMorgania viimeisen tulotermin Q_1Q_0 -osaan, jotta saatiin XNOR -muotoinen summalause kolmannella rivillä. Viimeiseksi käytettiin taas DeMorgania XNORin oikealle puolelle.

Kun näin on saatu lausekkeet kaikkien D-sisääntulojen logiikalle, voidaan piirtää kytkentä.

$$D_2 = \overline{Q_2 \oplus \overline{Q_1 Q_0}}$$

$$D_1 = Q_1 \oplus Q_0$$

$$D_0 = \overline{Q_0}$$

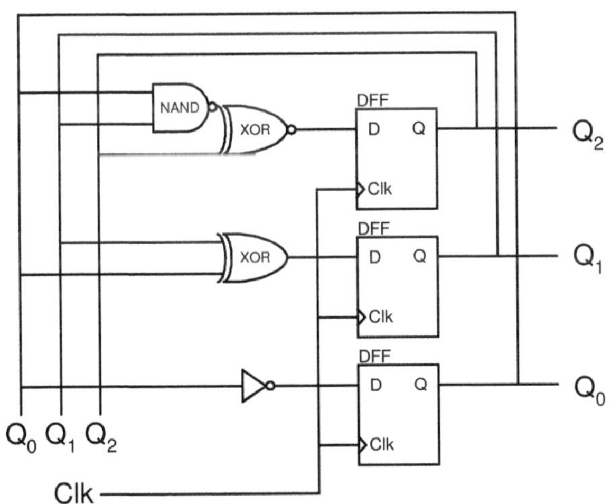

Kolmebittisen binäärisen ylöspäinlaskijan kytkentä toteutettuna synkronisella sekvensserillä

Lopputulos vastaa synkronisen sekvensserin periaatekuvaa. Tilarekisteri koostuu D-kiikuista ja logiikkaportit muodostavat tilasiirtymälogiikan.

Otetaanpa toinen esimerkki. Suunnitellaan synkroninen kolmebittinen *one-hot* -sekvensseri eli sellainen, jonka ulostuloissa on aina yksi bitti kerrallaan ykkönen. Sen toimintasekvenssi olisi $[Q_2, Q_1, Q_0] = \{100 \rightarrow 010 \rightarrow 001 \rightarrow\}$ jota toistetaan loputtomiin.

Tämä esimerkki poikkeaa edellisestä siinä, että sekvenssissä on vain kolme tilaa, kun kolmelle bitille on kaikenkaikkiaan kahdeksan mahdollista tilaa. Tällöin on hyvä suunnitella siten, että kaikista sekvenssiin kuulumattomista tiloista, kuten esimerkiksi tilasta 000 tai 111 päästään sekvenssiin mukaan. Tämä täytyy ottaa huomioon, koska emme ehkä tiedä mihin tilaan kiikut resetoituvat virtoja kytkettäessä ja haluamme myös, että sekvensseri toipuu mahdollisesta virheestä takaisin oikeaan toimintaan.

Jotta sekvensseri siirtyisi sekvenssin ulkopuolisista tiloista takaisin toimintasekvenssiin, laitetaan totuustauluun rivi, joka saa logiikan tuottamaan sekvenssin ulkopuolisista tiloista tilarekisterin sisääntuloihin 100, joka kuuluu toimintasekvenssiin. Tällöin tilasiirtymalogiikan totuustaulusta tulee seuraavanlainen:

Q_2	Q_1	Q_0	D_2	D_1	D_0
1	0	0	0	1	0
0	1	0	0	0	1
0	0	1	1	0	0
	muut		1	0	0

One-hot -sekvensserin tilasiirtymalogiikan totuustaulu

Ensimmäiset kolme riviä muodostavat varsinaisen toimintasekvenssin. Viimeinen rivi kuvaa sitä, että kaikista muista tiloista siirrytään tilaan 100. Koska samaan tilanteeseen johtaa myös viimeistä edellinen rivi, voisi viimeistä edellisen rivin ottaa pois totuustaulusta ilman, että logiikka muuttuisi, mutta selkeyden vuoksi koko toimintasekvenssi on kirjoitettu totuustauluun.

Koska signaali D_1 saa arvon 1 pelkästään rivillä $[Q_2, Q_1, Q_0] = 100$, saadaan logiikka D_1:lle helposti: $D_1 = Q_2\overline{Q}_1\overline{Q}_0$. Samoin saadaan myös $D_0 = \overline{Q}_2 Q_1 \overline{Q}_0$. D_2:lle tehdään Karnaugh'n kartta:

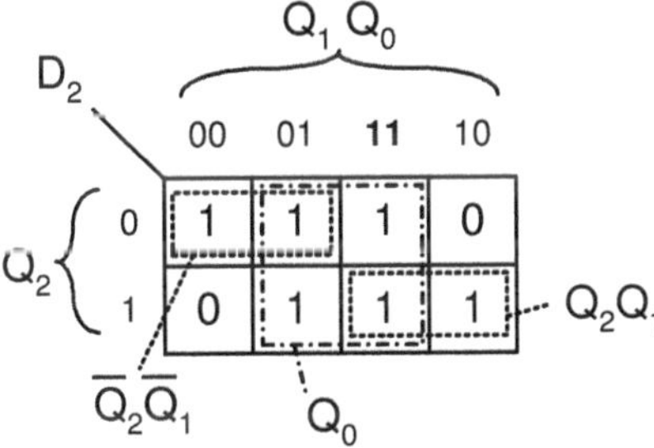

...jota voidaan vielä optimoida Boolen algebralla, koska $\overline{Q}_2\overline{Q}_1 + Q_2Q_1$ on XNOR-muoto. Saadaan:

$$D_2 = Q_0 + \overline{Q}_2\overline{Q}_1 + Q_2Q_1 = Q_0 + \overline{Q_2 \oplus Q_1}$$

Nyt sekvensseri voidaankin jo piirtää. Huomaa, että sekvensseri on muuten täsmälleen samanlainen kuin edellinen binäärilaskuri (koska molemmissa on kolme D-kiikkua), ainoastaan tilasiirtymälogiikka on erilainen.

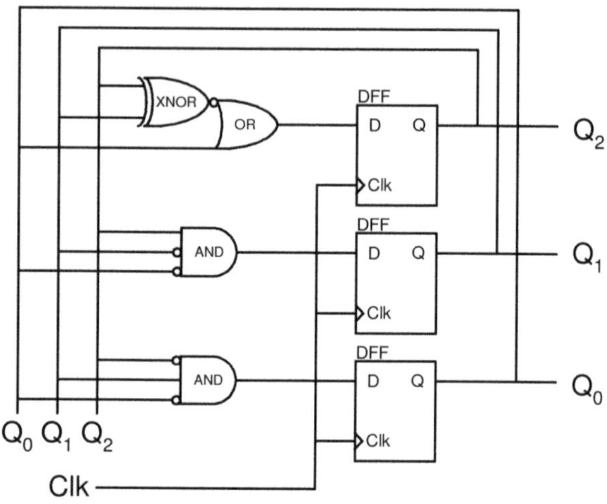

Synkroninen One-Hot sekvensseri

3.7 Piilotetut bitit

Se, että sekvenssissä voi esiintyä sama tila vain kerran, saattaa joskus olla ongelmallista. Ajatellaanpa esimerkiksi, että halutaan tehdä sekvensseri, joka toistaa tiloja 1, 5, 1, 9, 7, 9 binäärisinä. Tilat 1 ja 9 esiintyvät sekvenssissä kaksi kertaa, joten sekvensseri täytyy saada jotenkin erottamaan ne toisistaan. Ratkaisu on "*piilottaa*" tilarekisteriin yksi ylimääräinen bitti, joka kertoo kummassa ykkösessä tai yhdeksäisessä ollaan. Piilottaminen tarkoittaa sitä, että bitin arvoa ei tuoda sekvensserin lopullisiin ulostuloihin vaan se jää vain sekvensserin sisäiseen käyttöön.

Aloitetaan taas listaamalla tilat binäärisinä. Sekvenssi on:

0001 (1) , 0101 (5) , 0001 (1) , 1001 (9) , 0111 (7) , 1001 (9).

Ensinnäkin täytyy turvautua nelibittisiin lukuihin koska yhdeksän on 1001. Toiseksi tilat 0001 ja 1001 esiintyvät kaksi kertaa, joten tiloihin täytyy lisätä yksi bitti, joka erottaa nämä toisistaan ja saadaan toisistaan poikkeavien tilojen sarja. Koska tilat 0101 ja 0111 esiintyvät vain kerran, niiden kohdalla tämän ylimääräisen bitin tilalla ei ole väliä. Saadaan:

00001 → X0101 → 10001 → 01001 → X0111 → 11001 →.

Toisaalta taas huomataan, että *jokaisessa tilassa alin bitti on 1*, joten alin bitti *ei sisällä informaatiota sekvenssin suhteen* eikä sitä tarvitse ottaa sekvensserin rakenteessa huomioon, riittää, että tehdään ulostulo Q_0 joka vedetään kiinteästi ylös.

Kun alin bitti jätetään pois, saadaan sekvenssiksi:

0000 → X010 → 1000 → 0100 → X011 → 1100 →.

Mikä tahansa bitti, joka on kiinteästi ylhäällä tai alhaalla voidaan jättää sekvenssistä pois. Samoin voidaan jättää toinen kahdesta samanlaisesta bitistä. Myös muiden optimointien tekeminen saattaa olla mahdollista. Esimerkiksi bitti, joka on aina jonkun toisen bitin komplementti, voidaan jättää pois ja tehdä sitä vastaava ulostulo invertterillä. Myös muita vastaanvankaltaisia optimointeja usein voi ja kannattaa tehdä. Ainoa vaatimus on, että jäljelle jäävässä tilojen joukossa ei saa olla kahta samanlaista tilaa.

Piilotetut bitit tarjoavat myös paljon optimointimahdollisuuksia. Ensinnäkään ne eivät näy sekvensseristä "ulospäin", joten ne voidaan valita miten vain halutaan, kunhan tilojen erilaisuusvaatimus täyttyy. Jotkut valinnat tuottavat yksinkertaisemman logiikan kuin toiset. Valitettavasti asian analyyttinen tutkiminen on vaikeaa, joten täytyy käyttää lähinnä "yritys ja erehdys" -periaatetta[1]. X -tilat ovat vielä asia erikseen ja usein "viilausmahdollisuuksien" todellinen aarreaitta. Esimerkiksi tässä esimerkissä voidaan Q_1 optimoida pois X:ien avulla. Jätetään se kuitenkin myöhempään vaiheeseen ja toteutetaan sekvensseri ensin aiemmin mainitulla sekvenssillä 0000 → X010 → 1000 → 0100 → X011 → 1100 →.

Ensin tehdään tilasiirtymälogiikan totuustaulu:

Q_4	Q_3	Q_2	Q_1	D_4	D_3	D_2	D_1
0	0	0	0	X	0	1	0
X	0	1	0	1	0	0	0
1	0	0	0	0	1	0	0
0	1	0	0	X	0	1	1
X	0	1	1	1	1	0	0
1	1	0	0	0	0	0	0
	muut			0	0	0	0

Tehdään ensin Karnaugh'n kartta D_4:lle:

1. Alalla pitempään toimineet käyttävät tämän sijaan niinsanottua "*kavala tähtäys*" -periaatetta, jossa kokemus aikaansaa sen, että suunnittelijasta *tuntuu,* että joku valinta tuottaisi yksinkertaisemman logiikan kuin joku toinen. Tästä seuraa tosin myös "harhalaukauksia".

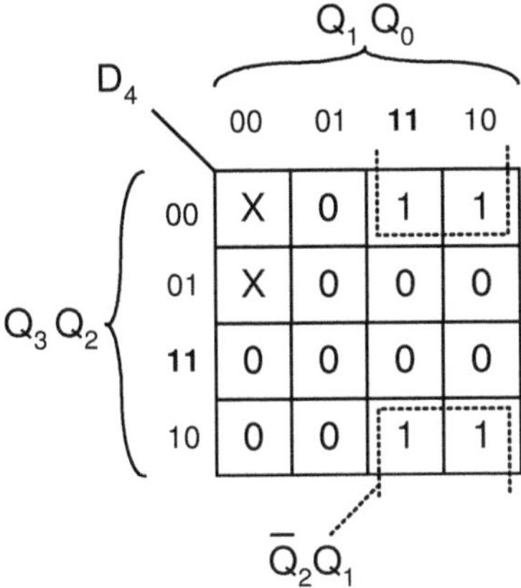

Huomaa, että totuustaulun toisen ja viidennen rivin ykköset kuvautuvat *kahdeksi ruuduksi* Karnaugh'n kartassa, koska sekä ruudut 0010 että 1010 toteuttavat ehdon X010. Samoin X011 kuvautuu kahteen ruutuun: 0011 ja 1011. D_4 :n X -tilat tulevat sellaisinaan. Tässä niistä on sikäli hyötyä, että niitä ei tarvitse ottaa logiikkaan mukaan. Näin saadaan: $D_4 = \overline{Q}_2 Q_1$.

Vastaavasti saadaan

$$D_3 = Q_4\overline{Q}_3\overline{Q}_2\overline{Q}_1 + \overline{Q}_3 Q_2 Q_1 = \overline{Q}_3(Q_4\overline{Q}_2\overline{Q}_1 + Q_2 Q_1).$$

$$D_2 = \overline{Q}_4\overline{Q}_3\overline{Q}_2\overline{Q}_1 + \overline{Q}_4 Q_3\overline{Q}_2\overline{Q}_1 = \overline{Q}_4\overline{Q}_2\overline{Q}_1 = \overline{Q_4 + Q_2 + Q_1}$$

$$D_1 = \overline{Q}_4 Q_3\overline{Q}_2\overline{Q}_1 = \overline{Q_4 + \overline{Q_3} + Q_2 + Q_1}$$

...ja sekvensseri voidaan piirtää.

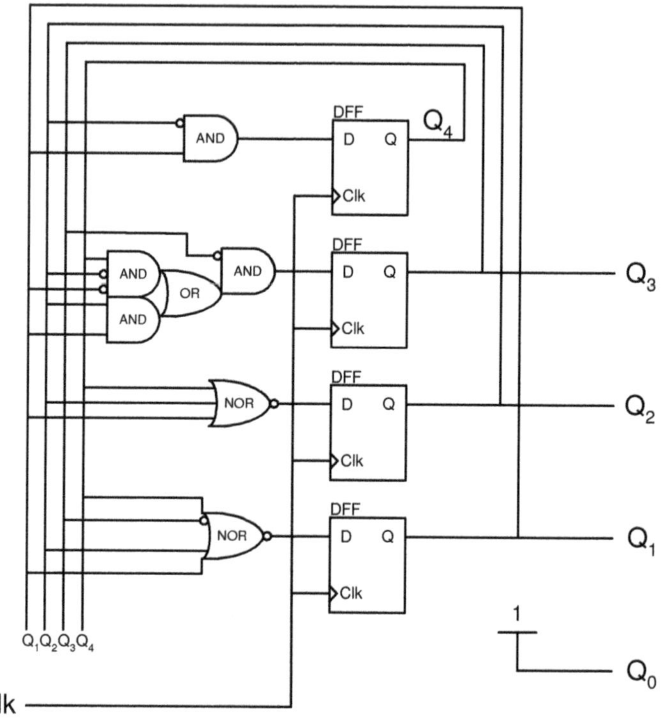

Optimointiesimerkki piilotetun bitin avulla

Aiemmin sanottiin, että laskurista voidaan optimoida pois Q_1, jos tehdään sopiva valinta piilotettujen bittien suhteen. Sekvenssi, joka aiemmin toteutettiin oli $[Q_4Q_3Q_2Q_1] = \{0000 \rightarrow X010 \rightarrow 1000 \rightarrow 0100 \rightarrow X011 \rightarrow 1100\}$. Tarkemmin katsomalla Q_1:n käyttäytymistä sekvenssissä huomataan, että se on 1 ainoastaan kohdassa X011. Jos valitaan X:n arvo siten, että tilasta X010 tulee 0010 ja tilasta X011 tulee 1011, voidaan Q_1 jättää pois siten, että jäljelle jäävissä kolmessa bitissä sama tila ei esiinny kahdesti. Q_1 voidaan sitten tuottaa kombinatorisella logiikalla: Q_1 on 1 vain kun $[Q_4Q_3Q_2] = 101$. Tämä vähentää laskurin tilarekisteristä yhden bitin, mikä yksinkertaistaa rakennetta huomattavasti. On huomattava, että koska sekvenssissä on kuusi tilaa, tällainen optimointi voidaan tehdä *varmasti,* koska kuuden tilan erittelemiseen riittää kolme bittiä.

Uusi toimintasekvenssi on $[Q_4Q_3Q_2] = \{000 \rightarrow 001 \rightarrow 100 \rightarrow 010 \rightarrow 101 \rightarrow 110\}$ ja $Q_1 = Q_4\overline{Q_3}Q_2$ ja $Q_0 = 1$.

Toimintasekvenssistä saadaan tilasiirtymälogiikan totuustaulu:

Q_4	Q_3	Q_2	D_4	D_3	D_2
0	0	0	0	0	1
0	0	1	1	0	0
1	0	0	0	1	0
0	1	0	1	0	1
1	0	1	1	1	0
1	1	0	0	0	0

... ja Karnaugh'n kartat:

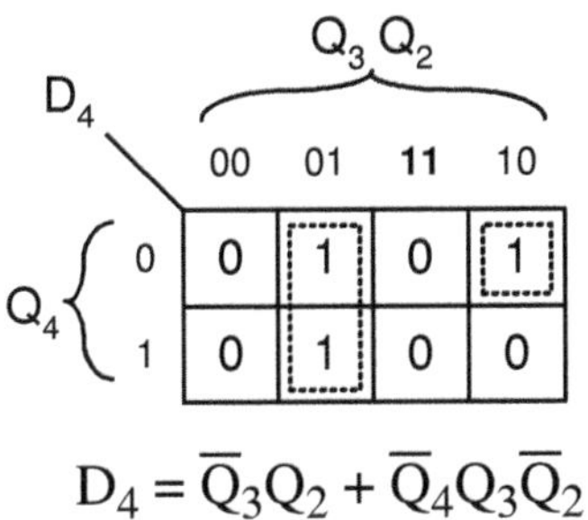

$$D_4 = \overline{Q_3}Q_2 + \overline{Q_4}Q_3\overline{Q_2}$$

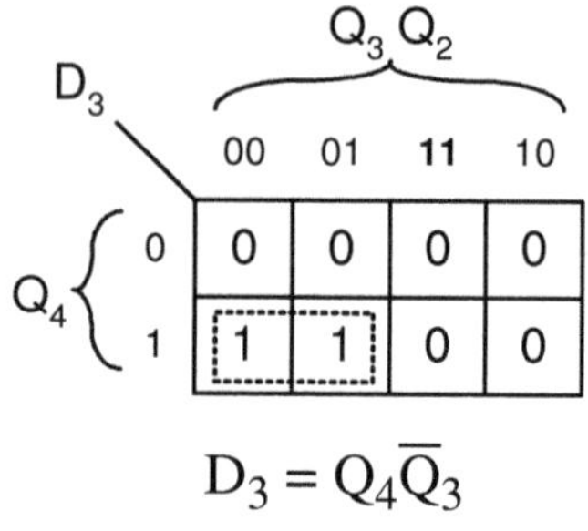

$$D_3 = Q_4\overline{Q_3}$$

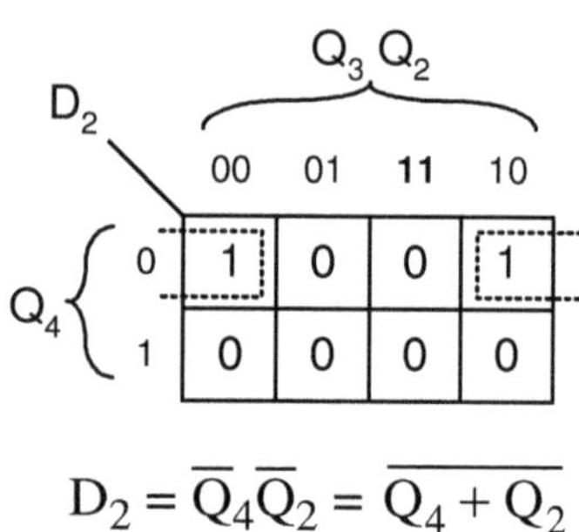

$$D_2 = \overline{Q_4}\,\overline{Q_2} = \overline{Q_4 + Q_2}$$

Tärkein syy kytkennän optimoimiseen on se, että sekvensserin tarvitsemien kiikkujen määrä vähenee yhdellä. Samalla saavutetaan lähes aina säästöjä kombinatorisessa logiikassa, sillä tilasiirtymälogiikasta jää yksi sisääntulo ja yksi ulostulo pois. *Ulostulon dekoodaukseen* tulee sitävastoin lisää logiikkaa, mutta paljon vähemmän kuin mitä tilasiirtymälogiikasta saatiin pois. Tilasiirtymälogiikan yksinkertaistuessa etenemisviveet yleensä pienenevät ja sekvensserin maksimikellotaajuus kasvaa.

Määräävin optimoinnin hyötynäkökulma on kuitenkin jo mainittu kiikkujen määrän väheneminen. Erityisesti ohjelmoitavissa logiikkapiireissä kiikut ovat erittäin kalliita logiikkaportteihin nähden. Esimerkiksi Xilinx -yhtiön Virtex-sarjan ohjelmoitavissa porttimatriisipiireissä voidaan hieman yksinkertaistaen sanoa, että mikä tahansa neljän sisääntulon ja yhden ulostulon kombinatorinen logiikka vastaa kustannuksiltaan yhtä kiikkua, tai oikeammin: yhden kiikun "mukana" tulee aina neljän sisääntulon ja yhden ulostulon kombinatorinen logiikka. Eri teknologioissa suhde vaihtelee, mutta kiikut ovat yleisesti kalliita verrattuna logiikkaportteihin.

Uuvuttavan optimointityön seurauksena saadaan lopulta seuraavanlainen kytkentä:

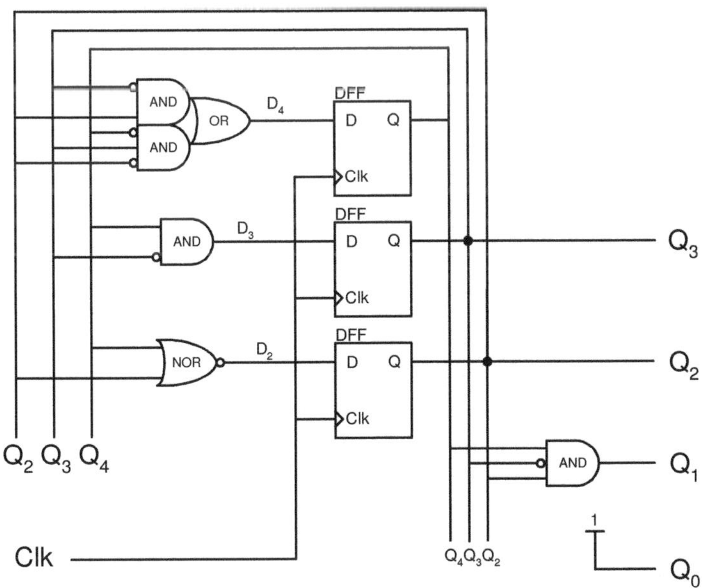

Optimoitu "151979" -laskuri

3.8 Reunahuomautus optimoinnista

Ihmisillä on joskus sellainen käsitys, että koska tietokoneohjelmat optimoivat logiikkaa niin suunnittelijan ei itse tarvitse. On totta, että ohjelmat suoriutuvat hämmästyttävän monimutkaisista optimointitehtävistä, usein paremmin kuin ihminen, mutta ne eivät kuitenkaan *tiedä, mitä olet tekemässä* joten niillä ei voi olla samanlaista näkemystä ja intuitiota kuin ihmisellä. Kone ei esimerkiksi voi tietää, voiko vaikkapa synkronisen sekvensserin jonkun bitin toiminnan muuttaa ilman, että laitteen muut komponentit häiriintyvät siitä.

Suunnitteluohjelmien optimointiominaisuudet ovat kuitenkin korvaamaton apu. Olisi naiivia olettaa, että ihminen pystyisi aina saamaan aikaan paremman ratkaisun kuin kone, mutta yhtä naiivia on aina luottaa koneen erinomaisuuteen. Yleensä paras ratkaisu on katsoa, mitä mieltä kone jostain kytkennästä on ja sitten arvioida sitä kriittisesti. Kaikkeen tähän menee tietysti paljon aikaa, joka erityisesti teollisuudessa on yhtäkuin rahaa. Jos heti nähdään, että koneen tuottama ratkaisu on riittävän halpa ja nopea niin sen voi toki suoraan toteuttaa ja siirtyä seuraavaan projektiin. Kuitenkin, esimerkiksi suunniteltaessa vaikkapa matkapuhelimen välitaajuusosassa tai jopa radiotaajuusosassa olevaa digitaalitekniikkaa on jokainen säästetty pikosekunti kullan arvoinen. Taitava digitaalisuunnittelija on palkkansa ansainnut.

Viimeinen näkökulma on itse suunnitteluohjelmien tekeminen. Koneet, luojan kiitos, eivät ohjelmoi itse itseään ja jonkun täytyy suunnitella suunnitteluohjelmatkin. Upein asenne, mikä insinöörillä tai kenellä tahansa voi olla on ehkäpä se, kun aamulla herää ja ajattelee, että *mikään ei estä juuri minua tulemasta valitsemallani alalla maailman parhaaksi!*

3.9 Dekoodattu sekvensseri

Kappaleen 3.7 jälkimmäisessä osassa optimoitiin sekvensseriä "siirtämällä" osa tilasiirtymälogiikasta tilarekisterin oikealle puolelle *ulostulon dekoodauslogiikkaan*. Tämä voi olla myös suunnittelun lähtökohta ja silloin puhutaan *dekoodatusta sekvensseristä.*

Useinkaan tilarekisterin itsensä ei tarvitse käydä läpi samoja tiloja, kuin mitä lopulta tuodaan ulos, ja arvio parhaasta valinnasta tilarekisterin toimintasekvenssiksi täytyy tehdä tapauskohtaisesti.

Tilarekisteri voidaan periaatteessa laittaa läpikäymään mitä tahansa toisistaan poikkeavien tilojen sarjaa. Kappaleen 3.7 "151979" -sekvensserin tilarekisteri voidaan esimerkiksi laittaa kulkemaan sekvenssiä $[Q_2, Q_1, Q_0] = \{000 \rightarrow 001 \rightarrow 011 \rightarrow 010 \rightarrow 110 \rightarrow 111\}$ jossa on haettu mahdollisimman vähäisiä muutoksia tilasiirtymästä toiseen, mikä on usein hyvä valinta ainakin ensimmäiseksi arvaukseksi. Tästä saadaan tilasiirtymälogiikalle totuustutaulu:

Q_2	Q_1	Q_0	D_2	D_1	D_0
0	0	0	0	0	1
0	0	1	0	1	1
0	1	1	0	1	0
0	1	0	1	1	0
1	1	0	1	1	1
1	1	1	0	0	0

Tilat 100 ja 101 ovat käyttämättä ja siten sekvenssin ulkopuolella. Tähän mennessä olemme aina ohjanneet siirtymän sellaisesta tilasta sekvenssin ensimmäiseen tilaan, mutta seuraavaksi tilaksi voidaan yleensä valita mikä tahansa tila joka toimintasekvenssistä löytyy. Tämä valinta tehdään tällä kertaa Karnaugh'n karttoja piirrettäessä siten, että yritetään aikaansaada mahdollisimman yksinkertainen logiikka siten, että sekvensseri kuitenkin toipuu kaikista sekvenssin ulkopuolisista tiloista takaisin sekvenssiin.

Huomaa, että "puuttuvat tilat" ovat Karnaugh'n kartoissa aina samalla kohdalla, tässä tapauksessa ne ovat alemman rivin kaksi vasemmanpuoleista ruutua. Sopivasti pähkäilemällä saadaan:

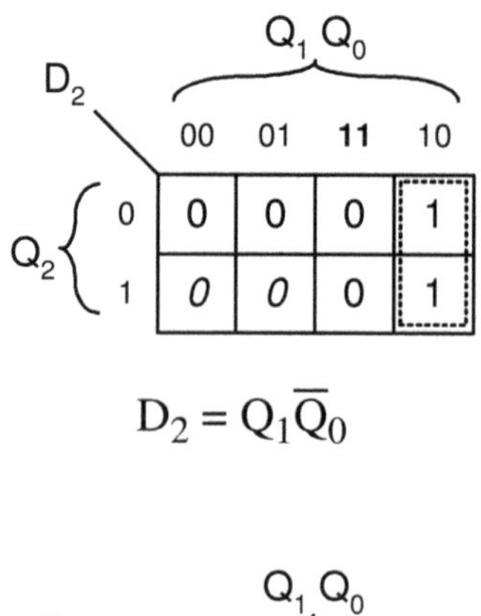

$$D_2 = Q_1\overline{Q}_0$$

D_1 \ Q_1Q_0	00	01	11	10
Q_2 = 0	0	1	1	1
Q_2 = 1	0	0	0	1

$$D_1 = Q_1\overline{Q}_0 + \overline{Q}_2Q_0$$

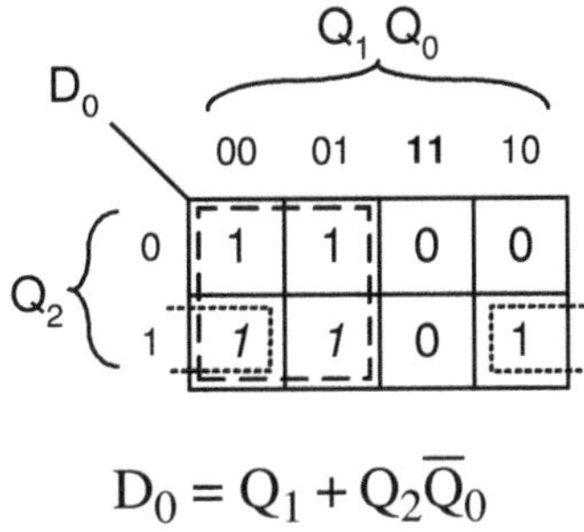

$$D_0 = Q_1 + Q_2\overline{Q}_0$$

Koska D_1:n summatermin vasemmanpuoleinen tulotermi $Q_1\overline{Q}_0$ tulee toteutetuksi jo aiemmin D_2:ssa, voidaan se hyödyntää myös D_1:n logiikassa. Kuten ympäristönsuojeluihmiset ovat meille osoittaneet että kierrätys säästää resursseja, myös logiikkaporttien uudelleenkäyttö säästää resursseja, tässä tapauksessa piitä!

Karnaugh'n kartoista huomataan mitkä valinnat logiikalle on tehty puuttuviin tiloihin, jotka siis ovat karttojen alarivin kaksi vasemmanpuoleista ruutua ja jotka on merkitty karttoihin kursiivilla lukemisen helpottamiseksi. Valinnat on tehty niin, että logiikalle saadaan yksinkertainen toteutus. Tutkimalla karttoja nähdään, että tilasta 100 siirrytään tilaan 001, joka kuuluu toimintasekvenssiin ja tilasta 101 siirrytään niin ikään tilaan 001. Sekvensseri pystyy siis toipumaan toimintasekvenssiin siinä tapauksessa, että se esimerkiksi jonkin häiriön seurauksena joutuu sekvenssin ulkopuoliseen tilaan.

Viimeiseksi tehdään muunnos tilarekisterin ulostulosta lopulliseen ulostuloon eli ulostulon dekoodauslogiikka. Ulostulo kannattaa nimetä vaikkapa vektoriksi R[3:0]. Sen tilataulu on:

Q_2	Q_1	Q_0	R_3	R_2	R_1	R_0
0	0	0	0	0	0	1
0	0	1	0	1	0	1
0	1	1	0	0	0	1
0	1	0	1	0	0	1
1	1	0	0	1	1	1
1	1	1	1	0	0	1
muut			X	X	X	X

R_0 on edelleen triviaali ja saadaan vetämällä R_0 ylös. Muille tehdään Karnaugh'n kartat:

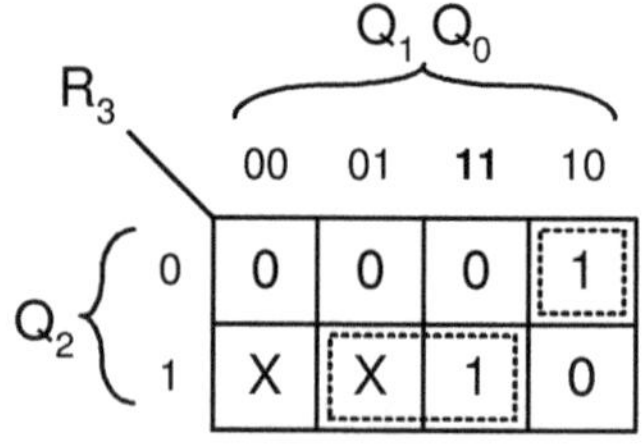

$$R_3 = Q_2Q_0 + \overline{Q}_2Q_1\overline{Q}_0$$

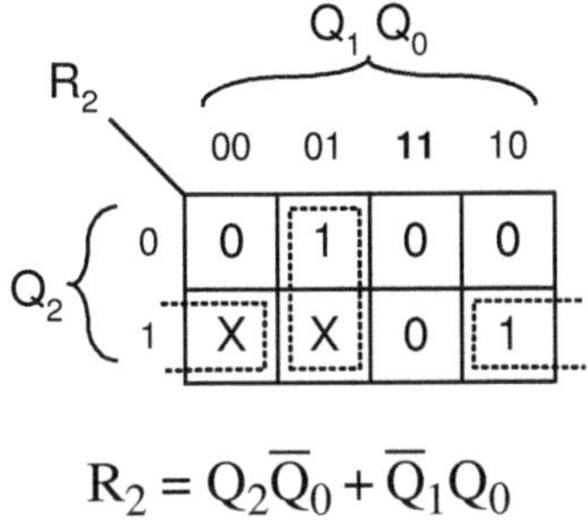

$$R_2 = Q_2\overline{Q}_0 + \overline{Q}_1 Q_0$$

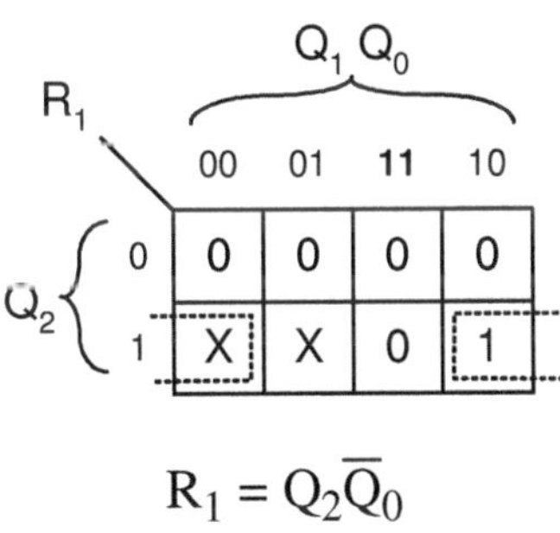

$$R_1 = Q_2\overline{Q}_0$$

Suoraan taulukosta saadaan:

$$R_0 = 1$$

Kun kaikki tarvittava logiikka on näin aikaansaatu, voidaan piirtää sekvensserin kytkentä. Dekoodatun sekvensserin periaatetta soveltamalla voidaan usein aikaansaada suhteellisen pienellä vaivalla melko hyviä lopputuloksia.

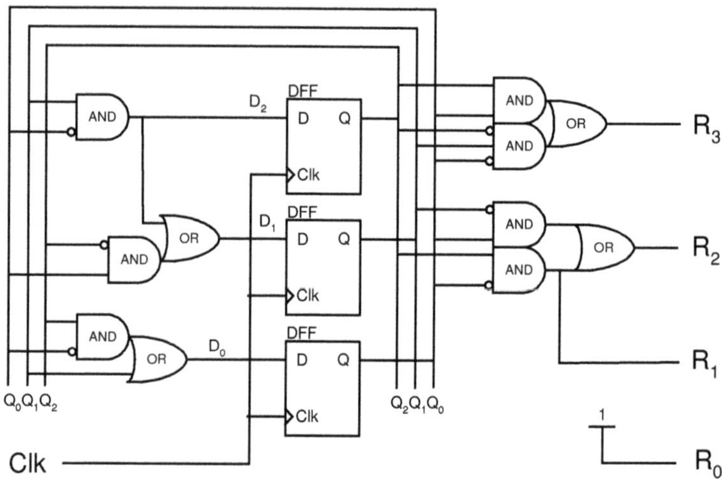

"151979" -sekvensseri toteutettuna dekoodatun sekvensserin periaatteella

4 Siirtorekisteri

Siirtorekisteri, englanniksi *shift register*, on rakenne, jossa tieto kulkee D-kiikusta toiseen yhteisen kellon ohjaamana. Alla on kuvattuna yksinkertaisin nelibittinen siirtorekisteri.

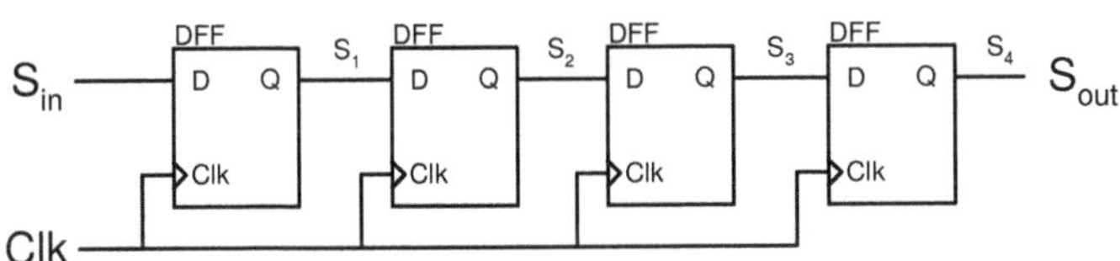

Nelibittinen siirtorekisteri

Koska kaikilla kiikuilla on sama kello, siirtorekisteri on synkroninen. Bitit kulkevat nousevalla kellonreunalla aina yhden välin eteenpäin. Ensimmäisen kiikun sisääntuloa kutsutaan nimellä S_{in}, joka tulee termistä *shift input*. Viimeisen kiikun ulostulon nimi S_{out} tulee vastaavasti termistä *shift output*. Yleensä siirtorekisteristä tuodaan ulos kaikkien kiikkujen ulostulot. Ne nimetään nousevasti siten, että alaindeksi kertoo montako kellojaksoa bitti on kulkenut sisääntulosta. Niinpä esimerkiksi S_2 tarkoittaa bittiä, joka oli sisääntulossa S_{in} kaksi kellojaksoa aiemmin.

Siirtorekistereillä on monia käyttöjä. Niitä käytetään tietoliikennetekniikassa *sarja-rinnakkaismuunnoksen* tekemiseen. Tietoliikenneväylissä bitit kulkevat yleensä peräkkäin samassa johtimessa eli *sarjamuotoisesti* sen sijaan, että kulkisivat jokainen omassa johtimessaan *rinnakkaismuotoisesti*. Sarjaväylältä tulevat bitit kellotetaan sisään siirtorekisteriin yksi kerrallaan, ja kun kaikki bitit on kellotettu sisään, tulos voidaan lukea rinnakkaismuotoisena väylältä S. Erityisesti täytyy huomata, että viimeinen bitti, eli se joka kuvan siirtorekisterissä luettaisiin ulostulosta S_4, jolla on myös nimi S_{out}, täytyy kellottaa sisään ensimmäisenä.

Siirtorekisteriä käytetään samaan tapaan myös *merkkijonon tunnistajana*. Siitä esimerkki tässä:

4.1 Siirtorekisteri merkkijonon tunnistajana

ESIMERKKI

Tehtävä:
Eräässä sarjaväylässä data kulkee signaalissa SD ja kello signaalissa SC siten, että data on luettavissa aina SC:n nousevalla reunalla. Tee ulostulo **bingo**, joka antaa ulostulon 1 aina, kun sarjaväylällä esiintyy bittijono 1011.

Ratkaisu:
Kellotetaan bitit sarjaväylältä sisään siirtorekisteriin. Tilannetta tunnistettaessa on huomattava, että ensiksi sisääntullut bitti on siirtorekisterissä viimeisenä.

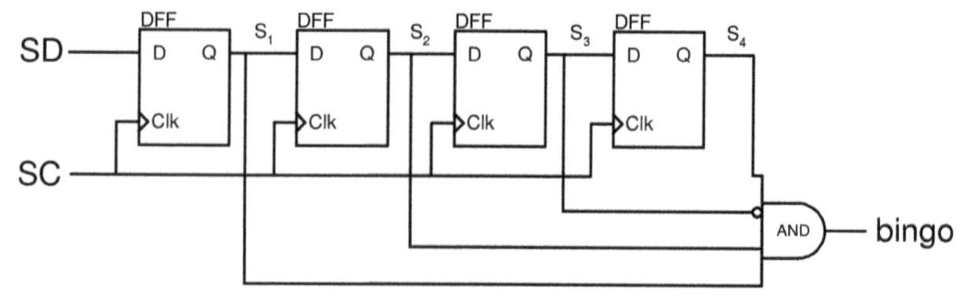

4.2 Siirtorekisterisekvensserit

Siirtorekisterillä voidaan toteuttaa myös joitakin sekvensserei-tä. Esimerkiksi jo aiemmin mainittu *one-hot-sekvensseri* voidaan toteuttaa siirtorekisterillä näin:

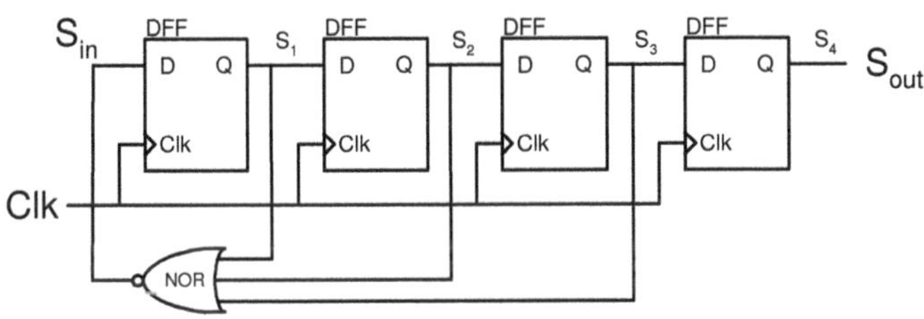

One-hot-sekvensseri siirtorekisteritoteutuksena

Kytkennässä siirtorekisterin sisääntuloon S_{in} tulee S_1:n, S_2:n ja S_3:n NOR. NOR-porttihan antaa ulostulon 1 vain, kun sen sisääntulot ovat 000, joten kytkentä toimii seuraavasti:

Mikäli siirtorekisteri resetoituu tilaan 0000, antaa NOR-portti ulostulon 1, joka kellotetaan siirtorekisteriin sisään seuraavalla nousevalla kellonreunalla. Silloin NOR-portin kaikissa sisääntuloissa ei enää ole nolla ja NOR-portti antaa ulostulon 0 joka vaiheessa kunnes ykkönen on päässyt S_4:ään asti, jolloin NOR -portti antaa taas uuden ykkösen kulkemaan siirtorekisterissä. Samoin, mikäli siirtorekisteri resetoituu johonkin sellaiseen tilaan, jossa NOR-portin sisääntuloissa on yksi tai useampi ykkönen, NOR-portti antaa siirtorekisteriin nollia kunnes toimintasekvenssi on saavutettu.

One-hot-sekvensserillä on pitkä historia. Sen keksijänä voidaan pitää David A. Huffmania, joka on myös keksinyt Huffman-koodauksen, jota käyttää esimerkiksi suosittu ZIP -tiedostonpakkaus. Hän esitteli releillä rakennetun one-hot-sekvensserin vuonna 1954. Nykyään one-hot-sekvenssereitä käytetään niiden nopeuden, yksinkertaisuuden sekä helpon vianhaun ja muunneltavuuden ansiosta paljon.

Siirtorekistereillä ei voida toteuttaa kaikkia mahdollisia sekvenssejä, koska ainoastaan siirtorekisterin S_{in} -sisääntuloon voidaan vaikuttaa. Sillä kuitenkin voidaan toteuttaa hämmästyttävän suuri määrä erilaisia sekvenssejä ja siirtorekistereillä toteutetut sekvensserit ovat yksinkertaisuudestaan johtuen yleensä kaikkein nopeimpia sekvenssereitä.

Siirtorekistereillä voidaan tehdä erittäin suurella kellotaajuudella toimivia yksinkertaisia sekvenssereitä, joiden ulostulo on “monimutkainen”. Sellaisia kutsutaan *valesatunnaissekvessereiksi* (engl. “pseudorandom sequencer”). Ne ovat sangen käyttökelpoisia esimerkiksi testisignaaligeneraattoreina.

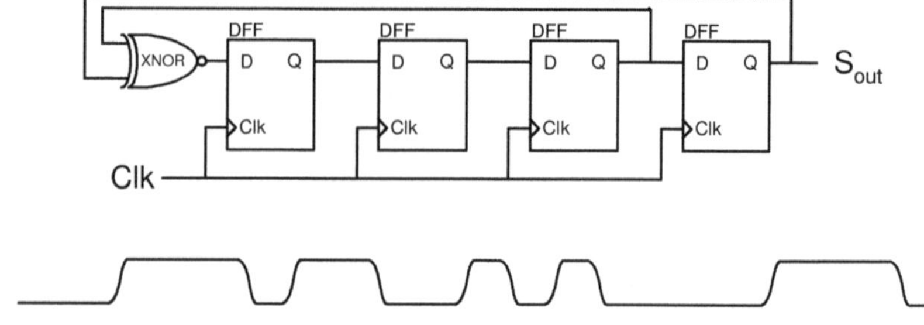

Eräs nelibittinen valesatunnaissekvensseri ja pätkä sen tuottaman ulostulon aaltomuotoa

5 Tilakone

Tilakone on synkroninen sekvensseri, jonka tilasiirtymälogiikkaan voi vaikuttaa *ohjaustuloilla*. Tilakoneita on kahdenlaisia, Mooren kone ja Mealyn kone, jotka on nimetty keksijöidensä Edward Mooren ja George Mealyn mukaan.

5.1 Mooren kone

Mooren koneen yleinen rakenne on seuraava:

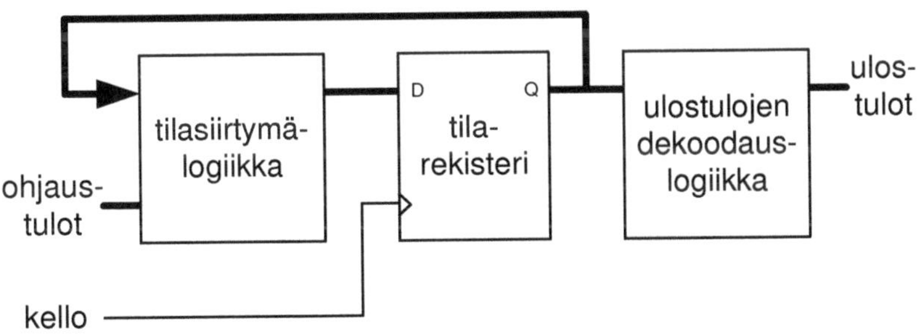

Mooren tilakone

Mooren kone on muuten aivan samanlainen kuin tavallinen synkroninen sekvensseri, mutta tilasiirtymälogiikkaan tulee sisääntuloja myös sekvensserin ulkopuolelta. Niitä kutsutaan *ohjaustuloiksi* ja niillä voi vaikuttaa tilakoneen sekvenssiin. Tiloilla voi olla useita vaihtoehtoisia seuraavia tiloja, joiden välillä valitaan ohjaustulojen mukaan.

Tilakoneiden sekvenssit esitetään usein niin kutsuttuina *tilakaavioina*[1], diagrammeina joissa tilat ovat palloja ja tilasiirtymät tilojen välillä merkitään nuolilla. Pallojen sisään kirjoitetaan tilarekisterin arvo kyseisessä tilassa ja usein myös *tilan nimi* helpottamaan tilakaavion tulkintaa. Tilan nimelle ei ole erityisiä sääntöjä, esimerkkejä tilan nimistä voisivat olla "Odota dataa", "Hissi on kerroksessa 1" tai "Venttiili on auki".

Toteutetaanpa esimerkin vuoksi Mooren kone, joka toteuttaa seuraavan yksinkertaisen tilakaavion:

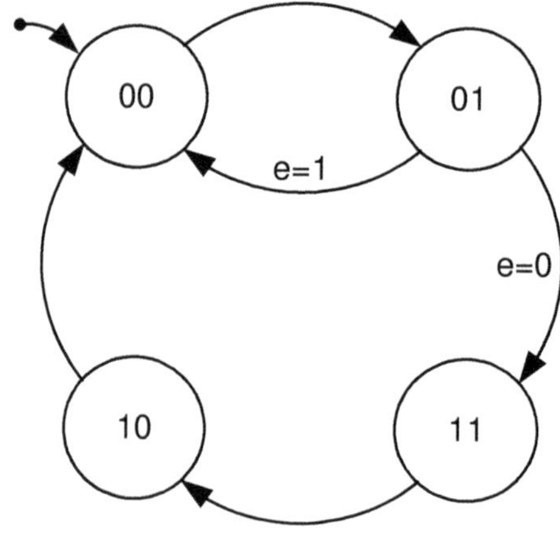

Tilakaavio

Tilakaaviossa jokainen nuoli vastaa yhtä tilasiirtymää. Nuolen alkutila on nykyinen tila ja lopputila on seuraava tila. Jos tilasiirtymä tehdään vain kun jokin ohjaustulojen ehto täytyy, se merkitään nuolen kohdalle. Jokaista ehdollista nuolta täytyy vas-

1. ...tai tuttavallisemmin "pallukkakaavio", joiksi niitä usein kuulee kutsuttavan...

tata samasta tilasta lähtevä toinen nuoli, jonka ehto on edellisen ehdon komplementti. Esimerkiksi tilasta 01 lähtee kaksi ehdollista nuolta, joista toinen toteutuu kun e=0, ja toinen kun e=1. Ehdot e=0 ja e=1 ovat toistensa komplementit joten koskaan ei voi olla epäselvää mihin tilaan tilasta 01 päädytään. Jos tila on 01 ja nousevalla kellonreunalla e=0, päädytään tilaan 00, muuten tilaan 11.

Ehdollisen tilasiirtymän tapauksessa halutaan usein, että tilakone pysyy samassa tilassa, jos ehto ei täyty. Tällöinkin on komplementtiehto merkittävä ja se merkitään nuolella, joka palaa samaan tilaan kuin mistä lähteekin.

Vasemmassa yläkulmassa oleva pieni nuoli, joka tulee pallojen ulkopuolella olevasta pisteestä tarkoittaa, että kaikista tiloista, jotka eivät kuulu sekvenssiin mennään tilaan 00. Tässä tilakaaviossa tilarekisterin leveys on kaksi bittiä ja tiloja on neljä, joten sekvenssin ulkopuolisia tiloja ei ole. Merkintä tarkoittaa kuitenkin myös toista asiaa: järjestelmän nollautuessa esimerkiksi virtoja päälle kytkettäessä tilarekisterin arvoksi pitäisi tulla 00. Kiikuissa on yleensä jokin tapa saada niiden arvoksi nolla tai ykkönen resetin yhteydessä. Yleisintä on, että kiikusta löytyvät erityiset RESET ja SET (tai "PRESET") -tulot alas ja ylös nollausta varten. Ne kytketään sopivasti *järjestelmänollaussignaaliin*, jota esimerkiksi PC:ssä voi yleensä ohjata kotelosta löytyvää RESET -nappia painamalla. Resetointisignaaleja ei yleensä piirretä digitaaliteknisiin kytkentäkaavioihin, sähköisiin kytkentäkaavioihin kylläkin. Tämän kirjan näkökulmasta riittää, että tiedetään sellaisten olevan olemassa, mutta niitä ei tarvitse piirtää. Lisäksi huomautettakoon vielä, että kiikkujen SET ja RESET -tuloja *ei* saa käyttää muuhun kuin nollaukseen virtoja päälle kytkettäessä.

Tilakoneen ratkaiseminen

Kun tilakone suunnitellaan tilakaavion perusteena, tehdään ensimmäiseksi tilakaaviosta tilasiirtymälogiikan totuustaulu. Se aikaansaadaan käymällä jokainen *nuoli* läpi tilakaaviosta ja kirjoittamalla taulukkoon nuolen perusteella nykyinen tila, ohjaustulot ja seuraava tila. Sen jälkeen tilakone ratkaistaan samoin kuin synkroninen sekvensseri. Synkroninen sekvensseri onkin itse asiassa vain eräs Mooren koneen muoto, jossa ei ole lainkaan ohjaustuloja.

Nuolet läpi käymällä saadaan tilasiirtymälogiikan totuustaulu:

e	Q_1	Q_0	D_1	D_0
X	0	0	0	1
0	0	1	0	0
1	0	1	1	1
X	1	1	1	0
X	1	0	0	0
(muut)			(0	0)

Totuustauluun laitetaan ohjaustulot vasemmalle puolelle ennen nykyistä tilaa ja seuraava tila tulee tuttuun tapaan oikealle. Viimeistä riviä ei juuri tässä totuustaulussa tarvita koska kaikki sisääntulokombinaatiot on edellisillä riveillä käyty läpi joten 'muita' tiloja ei ole. Se on kuvassa mukana vain esimerkin vuoksi.

Totuustaulusta tehdään tilasiirtymälogiikka vanhaan tuttuun tapaan. Ensin tehdään Karnaugh'n kartat ja sitten optimoidaan.

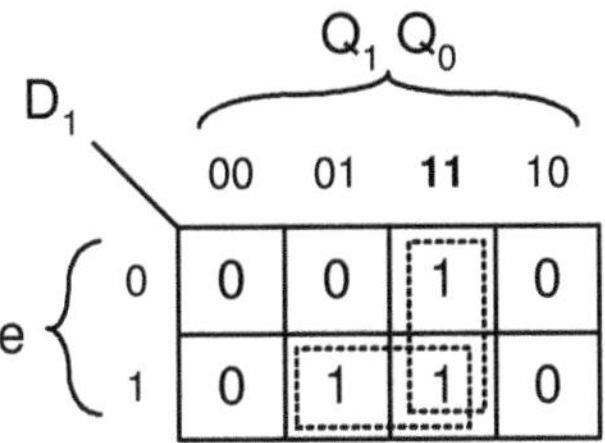

$$D_1 = Q_1Q_0 + eQ_0 = Q_0\,(e + Q_1)$$

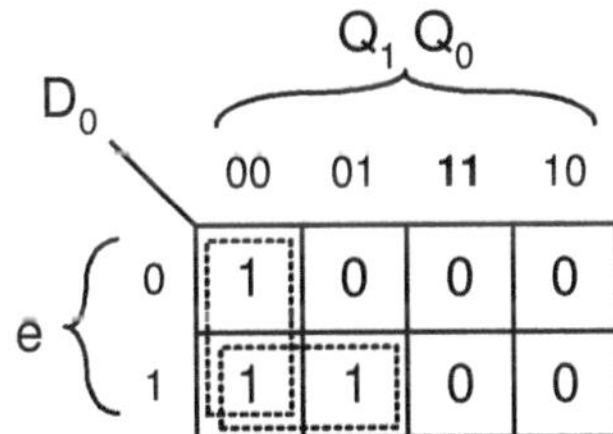

$$D_0 = \overline{Q}_1\overline{Q}_0 + e\overline{Q}_1 = \overline{Q}_1\,(e + \overline{Q}_0)$$

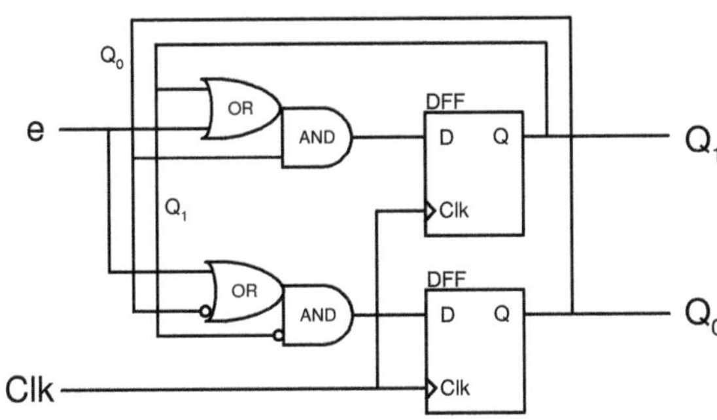

Valmis tilakone

Mooren tilakoneen ominaisuuksia

Mooren kone perustuu *tiloihin*. *Tila* sisältää kaiken tarvittavan tiedon ulostulojen tekemiseksi eli Mooren koneessa sanotaan: "*tila johtaa toimintaan*" Yksi tila voi Mooren koneessa aikaansaada vain yhdenlaisen toiminnan. Ulkoiset sisääntulot aiheuttavat tilakoneen siirtymisiä tilasta toiseen, mutta luonnollisesti vain järjestelmäkellon reunalla.

Jotta tilakone olisi mielekäs, sillä täytyy olla mielekkäät ulostulot. Se, että tilakoneen ulostulo on vaikkapa 01101 voi olla hyvinkin mielekästä mikropiirin sisällä mutta vaikkapa hissin ohjain hyötyy huomattavasti enemmän, jos tilakoneella on vaikkapa ulostulot 'moottori on päällä / pois päältä' ja 'moottorin kiertosuunta on ylöspäin / alaspäin'.

Mooren koneessa lopullisten ulostulojen tekemisen hoitaa ulostulojen dekoodauslogiikka, joka toimii täsmälleen samalla tavalla kuin dekoodatun sekvensserin esimerkissä luvussa 3.9.

Tilat kannattaa nimetä selkeästi ja pitää mielessä, että tilan nimen perusteella toteuttajalle pitäisi olla mahdollisimman selvää minkälaiset ulostulojen arvot tilasta pitäisi seurata. Esimerkiksi hyvä tilan nimi on 'hissi kulkee ylöspäin'. Siitä toteuttaja heti arvaa, että moottorin pitää olla päällä ja suunnan ylöspäin. Ulostulojen arvot kirjoitetaan pallon alareunaan.

Tilarekisterin arvo, joka edellisessä esimerkissä oli ainoa, mitä tilapallon sisälle kirjoitettiin, kirjoitetaan selvästi pallon yläreunaan tai keskelle.

Hissin ohjaus Mooren koneella

Tehdään ohjaus kahden kerroksen välillä kulkevalle hissille Mooren koneella.

Ensimmäiseksi täytyy selvittää, mitkä ovat koneen sisääntulot ja ulostulot. Se on järjestelmässä yleensä hyvinkin tarkkaan spesifioitu, tässä voimme päättää kaiken itse.

Olkoon tilakoneella seuraavat sisääntulot:

- kaksi painonappisignaalia n1 ja n2 jotka toimivat siten, että kun nappia painetaan, signaali on ylhäällä. Signaali n1 tulee kahdesta rinnankytketystä painonapista, joista ensimmäinen on hissikorissa merkittynä tekstillä “1” ja toinen kerroksessa 1 merkittynä “HISSI”. Kumman tahansa painaminen aiheuttaa n1:n nousemisen ylös. n2 toimii samalla tavalla.

- kaksi rajakytkintä k1 ja k2 jotka antavat ulostulon 1 kun hissi on rajakytkimen kohdalla. k1 kertoo, että hissi on saavuttanut kerroksen 1 ja k2 kertoo, että hissi on saavuttanut kerroksen 2.

Olkoon tilakoneella seuraavat ulostulot:

- signaali m, joka ohjaa moottorin päällä/pois olemista siten, että kun m=1 on moottori päällä.

- signaali s, joka ohjaa moottorin kiertosuuntaa siten, että kun s=1 niin korin kulkusuunta on ylöspäin, ja kun s=0 niin korin kulkusuunta on alaspäin.

Kun sisääntulot, ulostulot ja perustoiminta (tässä oletetaan, että toteuttajalla on joku käsitys siitä, miten hissi toimii - hän on ehkä joskus nähnyt sellaisen ja ehkäpä jopa käyttänyt hissiä) on saatu selville, alkaa varsinainen työ: tilakaavion keksiminen ja piirtäminen. Se on ainoa luovaa ajattelua vaativa vaihe tilakoneen tekemisessä, kaikki muu on puhdasta rutiinia. Esimerkiksi seuraavankaltainen toteutus toimii:

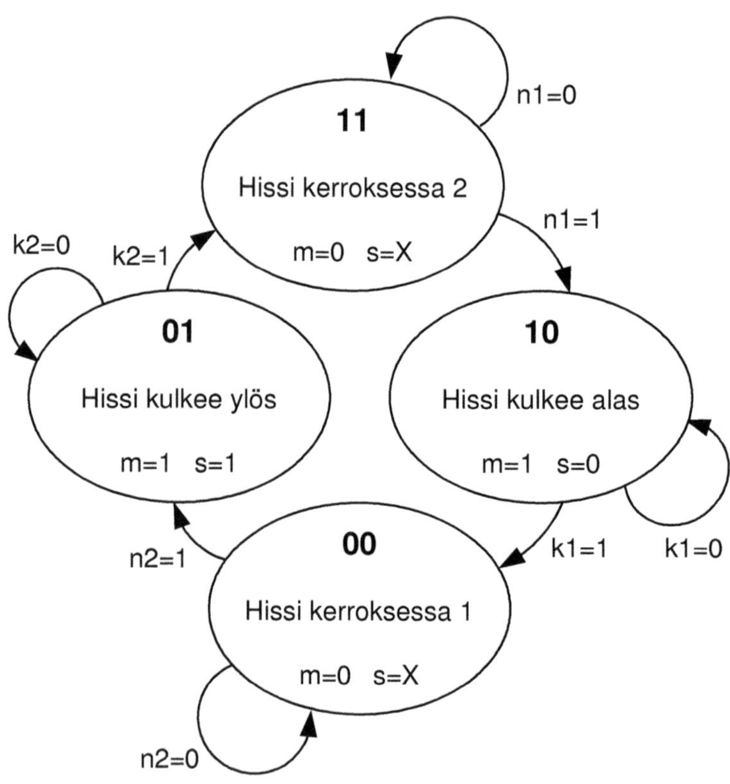

Hissiesimerkin tilakaavio

Kun tilakaavio on tehty, sitä kannattaa silmäillä kriittisesti. Löytyykö jokin tila, johon kone voi jäädä jumiin? Onko jossain epäselvyyksiä sen suhteen, mihin tilaan jostain tilasta siirrytään? Tutki, että jokaisesta tilasta lähtevät nuolet kattavat kaikki ohjaustulojen kombinaatiot. Varmistu siitä, että nämä asiat ovat kunnossa ennen kuin tutkit tilakoneen varsinasta toimintaa.

Seuraavaksi tutki, ovatko tilat ja tilasiirtymät järkeviä koneen tarkoituksen kannalta. Lähde liikkeelle alkutilasta ja seuraa kaikki mahdolliset tilasiirtymäpolut läpi kunnes olet käynyt jokaisen nuolen läpi. Tutkitaan nyt toiminta esimerkkikuvassa.

Aloitetaan tilasta 11, "Hissi kerroksessa 2". Jos mitään nappia ei paineta, hissin pitäisi pysyä paikallaan ja hissi pitäisi pystyä kutsumaan kerrokseen 1. Näin onkin. Kun nappia n1 painetaan, tilakone siirtyy tilaan 10, "Hissi kulkee alas". Kun nappia ei paineta, tilakone pysyy tilassa 11. Muut sisääntulot eivät vaikuta tilasiirtymiin. Kaikki on siis kunnossa.

Tilasta 10, "Hissi kulkee alas" edetään tilaan 00, 'Hissi kerroksessa 1", kun hissi saavuttaa rajakytkimen k1. Jos rajaa ei ole saavutettu, tilakone pysyy tilassa 10.

Näin on saatu hissi kuljetettua kerroksesta 2 kerrokseen 1 ongelmitta. Täysin samoin selvitetään hissin kulkeminen takaisin kerrokseen 2 eli loput tilakoneen tiloista. Näin varmistutaan lopullisesti siitä, että sisääntulot ja tilasiirtymät ovat kunnossa.

Viimeiseksi katsotaan, että jokainen tila tuottaa järkevät ulostulot. Kuvassa aina, kun hissi liikkuu, moottori on päällä (m=1) ja aina, kun hissi on paikallaan, m=0. Samoin suunta käyttäytyy järkevästi. Kun moottori ei ole päällä, suunnallakaan ei ole väliä.

Kun nyt on saavutettu varmuus siitä, että tilakaavio kuvaa koneen toiminnan sekä muodollisesti että toiminnallisesti oikein, tilakone voidaan toteuttaa. Se tehdään tuttuun tapaan, kirjoittamalla totuustaulukot ja ratkaisemalla tilasiirtymälogiikka ja ulostulojen dekoodaus.

Tilakaavio kirjoitetaan samoin kuin edellisessä esimerkissä eli käymällä jokainen nuoli läpi kirjoittaen sitä vastaavat ohjaustulojen, nykyisen tilan ja seuraavan tilan arvot totuustauluun.

n1	n2	k1	k2	Q_1	Q_0	D_1	D_0
X	0	X	X	0	0	0	0
X	1	X	X	0	0	0	1
X	X	X	0	0	1	0	1
X	X	X	1	0	1	1	1
0	X	X	X	1	1	1	1
1	X	X	X	1	1	1	0
X	X	0	X	1	0	1	0
X	X	1	X	1	0	0	0

Hissitilakoneen tilasiirtymälogiikan totuustaulu

Koska sisääntuloja on monta olisi Karnaughin karttojen piirtäminen vaikeaa. Tehdään logiikka aivan puhtaalla Boolen algebralla aloittaen kummankin sisääntulon kohdalla jokaisesta rivistä, jossa ulostulo on 1. Saadaan:

$$
\begin{aligned}
D_1 &= k2\,\overline{Q}_1Q_0 + \overline{n1}\,Q_1Q_0 + n1\,Q_1Q_0 + \overline{k1}\,Q_1\overline{Q}_0 \\
&= (\overline{n1} + n1)\,(Q_1Q_0) + k2\,\overline{Q}_1Q_0 + \overline{k1}\,Q_1\overline{Q}_0 \\
&= Q_1Q_0 + k2\,\overline{Q}_1Q_0 + \overline{k1}\,Q_1\overline{Q}_0
\end{aligned}
$$

$$
\begin{aligned}
D_0 &= n2\,\overline{Q}_1\overline{Q}_0 + \overline{k2}\,\overline{Q}_1Q_0 + k2\,\overline{Q}_1Q_0 + \overline{n1}\,Q_1Q_0 \\
&= n2\,\overline{Q}_1\overline{Q}_0 + (\overline{k2} + k2)\,\overline{Q}_1Q_0 + \overline{n1}\,Q_1Q_0 \\
&= n2\,\overline{Q}_1\overline{Q}_0 + \overline{Q}_1Q_0 + \overline{n1}\,Q_1Q_0
\end{aligned}
$$

Joitain hyvin pieniä optimointeja voisi vielä tehdä, mutta jätetään optimointi tällä kertaa tähän.

Ulostulojen dekoodauslogiikka tehdään kirjoittamalla totuustauluun ulostulojen arvot jokaisesta tilakaavion tilasta

Q_1	Q_0	m	s
0	0	0	X
0	1	1	1
1	0	1	0
1	1	0	X

Hissitilakoneen ulostulojen dekoodauslogiikan totuustaulu

Vaihteen vuoksi tämä totuustaulu on helppo ratkaista. Suoraan totuustaulusta saadaan:

$$m = Q_1 \oplus Q_0 \quad \text{ja} \quad s = Q_0$$

...ja tilakone voidaan piirtää.

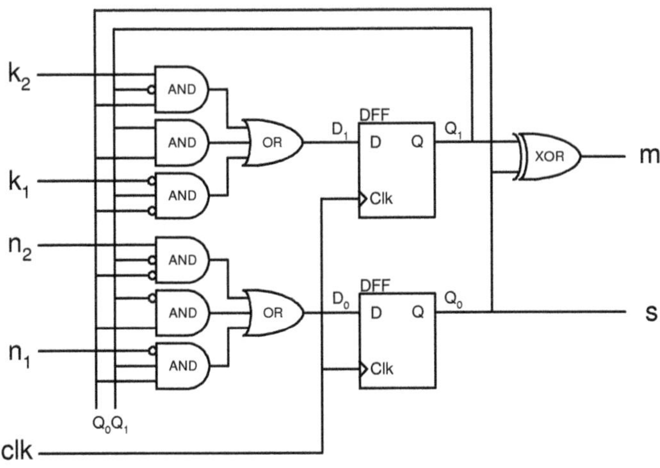

Hissin ohjauksen toteuttava Mooren tilakone

Hissin ohjaustilakoneen toiminta ei ole riippuvainen kellotaajuudesta. Se toimii millä tahansa kellotaajuudella, joka ylipäätään on riittävän nopea, jotta kone voisi reagoida sisääntulojen muutokseen järkevässä ajassa. On selvää, ettei hissin ohjaus voi toimia, jos järjestelmäkellon nouseva reuna tulee vaikkapa kerran minuutissa (eli sen kellotaajuus olisi 1/60 hertsiä). On kuitenkin hyödyllistä oivaltaa, että ulostulot eivät muutu heti ohjaustulojen muututtua vaan vasta seuraavalla kellonreunalla. Minuutin kellojaksonajalla se olisi hissin tapauksessa ongelma, mutta jos kellotaajuus olisi esimerkiksi yksi megahertsi, jouduttaisiin rajakytkimen saavuttamisen jälkeen moottorin ohjaussignaalin muuttumista odottamaan maksimissaan kokonaista yksi mikrosekunti, jolloin on selvää, että tilakoneen toimintanopeus ei ole hissin toimintaa rajoittava seikka.

Koska Mooren koneessa ulostulot johdetaan tilarekisterin ulostuloista, jotka voivat muuttua ainoastaan kellonreunalla, muuttuvat Mooren koneen ulostulotkin ainoastaan kellonreunan jälkeen, joten *Mooren koneen ulostulot ovat synkronisia.*

5.2 Mealyn kone

Mooren tilakone toimii, kuten sanottiin, *tiloilla* ja kaikki ulostulojen arvot täytyy johtaa pelkästä tilarekisterin arvosta. Tämä on, vaikkakin turvallista, selkeää ja toimivaa, joskus hieman rajoittavaa. Mikäli ohjaustulojen sallitaan vaikuttaa ulostuloihin, saadaan *Mealyn tilakone.*

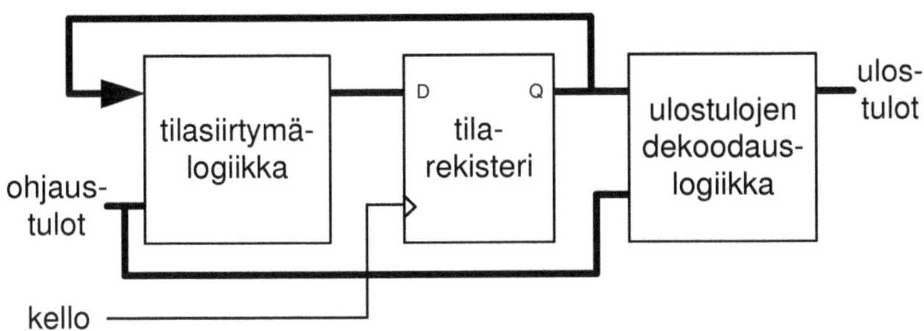

Mealyn tilakone

Mealyn kone poikkeaa Mooren koneesta teknisesti vain siten, että ohjaustulot ovat käytettävissä myös ulostulojen dekoodauslogiikassa. Tällä yksinkertaisella lisäyksellä on varsin kauaskantoisia seurauksia. Sama tila voi aikaansaada erilaisia ulostuloja erilaisilla ohjaustulojen arvoilla, mikä yleensä vähentää tarvittavien tilojen määrää. Sanotaan, että Mealyn koneessa *tilasiirtymä johtaa toimintaan.*

Samasta syystä Mealyn koneen ulostulot eivät välttämättä ole synkronisia. Mealyn koneen ulostulot ovat synkronisia vain, jos sen kaikki ohjaustulot ovat synkronisia. Mikäli digitaalisessa järjestelmässä on epäsynkronisia signaaleja kuten järjestelmän ulkopuolelta tulevia sisääntuloja, ne yleensä *synkronoidaan* viemällä ne erillisen rekisterin läpi ennen niiden käyttöä järjestelmässä.

Mealyn kone on kiehtova laite. Se on *lopullinen* tilakone siinä mielessä, että *kaikki synkroniset kytkennät voidaan esittää Mealyn koneena.* Esimerkiksi Mooren kone on yksi Mealyn koneen erityistapaus ja synkroninen sekvensseri on Mooren koneen erityistapaus.

Mealyn koneen yleiselle ratkaisemiselle ei ole samanlaista suoraviivaista menetelmää kuin esimerkiksi Mooren koneelle oli. Mealyn koneiden suunnitteleminen saattaakin olla varsin haastavaa, mutta lopputuloksena voi olla erittäin yksinkertainen ja elegantti ratkaisu. Oikein suunniteltu Mealyn kone on usein yksinkertaisempi muttei koskaan monimutkaisempi kuin Mooren kone.

Hissiongelman ratkaisu Mealyn koneella

Edellisessä kappaleessa läpikäyty hissin ohjaus voidaan toteuttaa myös Mealyn koneella. Koska ohjaustuloja voidaan käyttää ulostulojen tekemiseen, selvitään tilakoneessa pienemmällä määrällä tiloja. Tilakoneen ratkaiseminen on melko helppoa, koska hissin tarvitsi kulkea vain kahden kerroksen välillä. Tällöin ei ole epäselvyyttä esimerkiksi siitä, kumpaan suuntaan hissikorin tulee liikkua, kun korin halutaan siirtyvän kerroksesta toiseen.

Jälleen vaikein osuus on tilakaavion piirtäminen. Se tapahtuu periaatteessa samoin kuin Mooren koneelle, mutta on astetta haastavampaa koska täytyy miettiä kuinka sisääntuloja käytettäisiin järkevästi haluttujen ulostulojen aikaansaamiseksi.

Seuraavien toiminta-ajatusten seurauksena päästään erääseen mahdolliseen toteutukseen:

- Tiloiksi otetaan hissin *kohdekerrokset*

- Mikäli rajakytkinten tila osoittaa korin olevan muualla kuin kohdekerroksessa, ajetaan kohti kohdekerrosta.

Näin ajatellen tulee tilakaaviosta seuraavanlainen:

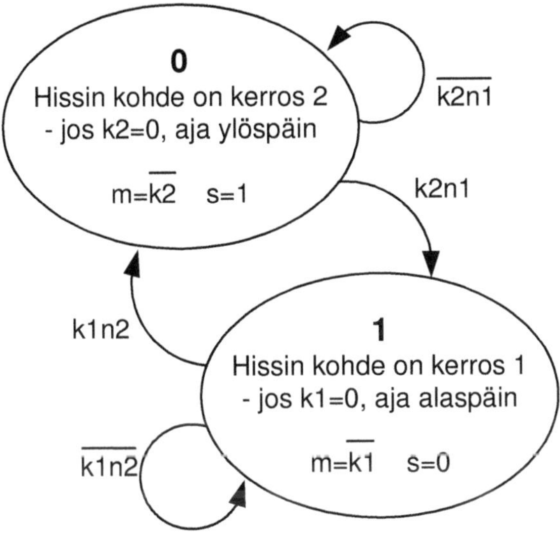

Tilakaavio hissin ohjaukselle kun sovelletaan Mealyn konetta

Tilasiirtymälogiikan totuustaulu piirretään samoin kuin Mooren konessa. Seurataan jokaista nuolta ja merkitään totuustauluun kaikki ne tilanteet, joissa nuolen ehto toteutuu.

Kuvan tilakaaviosta on helppoa tehdä tilasiirtymälogiikka, koska siinä on tilarekisterissä vain yksi bitti. Suoraan nuolista katsomalla saadaan ehto sille, että tilarekisterin seuraava tila on 1: tilaan 1 tullaan, kun Q=0 ja k2n1=1 tai kun Q=1 ja $\overline{k1n2}$=1 eli D=$\overline{Q}$k2n1 + Q$\overline{k1n2}$. Esimerkin vuoksi totuustaulu voidaan tässä kuitenkin tehdä, se on seuraavalla sivulla. Vertaamalla tässä järkeilemällä saatua logiikkaa tilatauluun, voidaan helposti todeta, että ne vastaavat toisiaan.

n1	n2	k1	k2	Q	D
1	X	X	1	0	1
0	X	X	1	0	0
1	X	X	0	0	0
0	X	X	0	0	0
X	1	1	X	1	0
X	0	0	X	1	1
X	0	1	X	1	1
X	1	0	X	1	1

Hissin ohjauksen toteuttavan Mealyn koneen tilasiirtymälogiikan totuustaulu

Ulostulojen dekoodauslogiikka on odotetusti monimutkaisempi kuin Mooren koneessa. Suoraan tilakaaviosta nähdään, että s=1 kun Q=0 ja s=0 kun Q=1 joten s saadaan invertoimalla Q. Vastaavasti nähdään, että m=1 kun Q=0 ja k2=0 tai kun Q=1 ja k1=0. Siten saadaan: $m = \overline{k2}Q + \overline{k1}\,\overline{Q} = \overline{k2}Q + \overline{k1 + Q}$. Näin saadaan kytkentä:

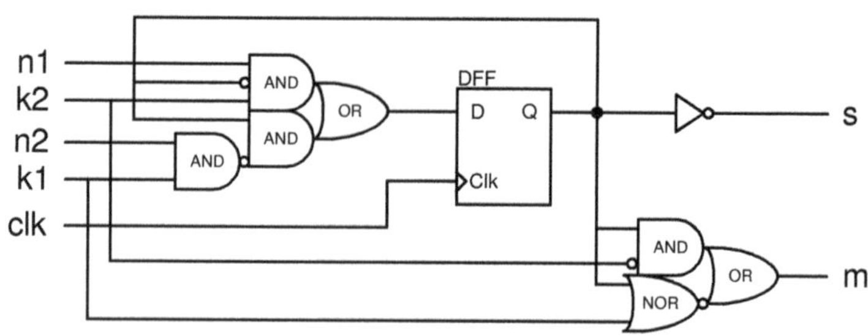

Mealyn kone, joka toteuttaa hissin ohjauksen

6 Säännöistä ja niiden rikkomisesta

"Opettele tuntemaan säännöt,
jotta voisit rikkoa niitä asianmukaisesti"

-Dalai Lama

Tämän kirjan tarkoituksena on ollut antaa *perustiedot* digitaalisuunnittelusta. Näihin kuuluvat esimerkiksi synkronisen suunnittelun säännöt. Luodaanpa vielä silmäys näihin sääntöihin ja niiden mukaiseen suunnitteluun. Sen jälkeen pohditaan missä määrin näistä säännöistä löytyy digitaalisuunnittelun "lopullinen totuus" ja luodaan visioita siihen, miten digitaalipiirejä kenties tulevaisuudessa suunnitellaan.

6.1 Synkronisuuden hyötyjä ja haittoja

Synkronisuusehto, eli se, että kaikilla kiikuilla on sama kello, takaa sen, että järjestelmä *voidaan todistaa toimivaksi* jollakin kellotaajuudella. Tämä tietysti edellyttää, että järjestelmän spesifikaatio eli tarkka kuvaus siitä miten järjestelmä toimii, on ensin osoitettu toimivaksi.

Eräs suurimmista synkronisuuden hyödyistä on se, että piirin toiminta voidaan testata helposti. Jos kaikilla kiikuilla on sama kello, voidaan suunnitteluvaiheessa hyvin yksinkertaisella tavalla lisätä piirille niin sanottu *full scan* -toiminto testausta varten.

Full Scan -testausmenetelmä

Full scan -menetelmässä jokaisen kiikun sisääntuloon lisätään yksi multiplekseri, jolla valitaan tuleeko kiikun sisääntulo normaalista toimintalogiikasta vai *edellisen kiikun ulostulosta*. Jälkimmäisessä tapauksessa multipleksereillä *järjestetään koko piirin kaikki kiikut yhdeksi pitkäksi siirtorekisteriksi*, jonka sisääntulo ja ulostulo tuodaan testaukselle varattuihin "ylimääräisiin" pinneihin piirin kotelossa. Näitä pinnejä kutsutaan yleensä nimillä 'scan input' ja 'scan output'. Kaikilla multipleksereillä on sama valintasignaali. Se tulee yhdestä kotelon pinnistä, jota voidaan kutsua yksinkertaisesti nimellä 'test'. Tällä signaalilla piiri asetetaan *testaustilaan*. Testaustilassa voidaan kiikkuihin ladata yksitellen halutut arvot kellottamalla ne sisään scan inputista. Sen jälkeen piiri päästetään pois testaustilasta normaaliin toimintatilaan ja annetaan sen käydä haluttu määrä kellojaksoja. Tämän jälkeen kello taas pysäytetään, piiri siirretään takaisin testaustilaan ja luetaan kiikkujen sisällöt kellottamalla ne ulos scan outputista. Näin voidaan vaikkapa testata jonkin laskentayksikön toimintaa lataamalla rekistereihin sopivat alkuarvot, antamalla piirin suorittaa normaalia toimintaansa sopiva määrä kellojaksoja ja katsoa sitten tuliko rekistereihin oikeat lopputulokset.

Kehittyneissä suunnitteluohjelmissa voidaan jokaisen kiikun kohdalla valita, toteutetaanko kiikku "tavallisena" kiikkuna vai scan-kiikkuna, jolloin suunnitteluohjelma luo automaattisesti piirille full scan -ketjun. Kokemus on osoittanut, että full scan -logiikan sisällyttäminen piirille nostaa piirin valmistuskustannuksia noin kymmenen prosenttia. Ilman full scania piirin testaus- ja vianhakumahdollisuudet ovat varsin pienet. Ylimääräiset multiplekserit kiikkujen sisääntuloissa laskevat piirin maksimikellotaajuutta hieman mikäli toimintanopeuden kannalta kriittisimmätkin rekisterit otetaan mukaan full scan -ketjuun.

Synkroninen suunnittelu on korkeakoulu- ja tutkimuspiirien ulkopuolella ainoa käytössä oleva tunnettu menetelmä, jolla voidaan suunnitella suuria digitaalijärjestelmiä, kuten mikroprosessoreita.

Toisaalta, mitä ponnekkaammin sanoo, että jokin tapa on ainoa oikea tapa tai jokin menetelmä ainoa käytössä oleva, sitä suuremmalla varmuudella löytyy aina joku, joka tekee asiat eri tavalla, josta kenties tulee standardimenetelmä kymmenen vuoden kuluttua. Vuosien vieriessä uudet menetelmät otetaan mukaan mikropiirien suunnitteluohjelmistoihin, ja sitä kautta ne siirtyvät teollisuuteen. Akateemisessa maailmassa ja suuryrityksissä tutkitaan taukoamatta uusia menetelmiä tehdä entistä nopeampia, parempia ja vähemmän tehoa kuluttavia mikropiirejä. Eikö synkronisuus siis olekaan lopullinen vastaus kaikkeen? “Ei kaikkeen, mutta melkein kaikkeen", sanovat erään Suomen parhaimpiin kuuluvan mikropiirisuunnittelutalon edustajat.

Synkronisuuden haittapuolet

Synkronisuudella on myös haittapuolensa, joista ilmeisin on se, että synkroninen suunnittelu asettaa suuret vaatimukset itse *kellosignaalille*. Kellon täytyy tulla jokaiselle kiikulle joka puolelle mikropiiriä nopeasti, häiriöttömästi ja niin samanaikaisesti kuin mahdollista. Tämä ei ole, lievästi ilmaistuna, aivan ongelmatonta. Suuressa piirissä voi olla kymmeniä tuhansia kiikkuja. Kaikkien niiden kellosisääntulot pitää ajaa ylös ja alas nopeudella, joka on kertaluokkaa suurempi kuin järjestelmäkellon jaksoaika. Sähkötekniikkaa tuntevat voivat laskea, että jos kymmenen nanofaradin kondensaattori varataan 1,5 volttiin viidessäkymmenessä pikosekunnissa, tarvitaan *kolmensadan ampeerin* latausvirta. Esimerkiksi huipputehokkaissa mikroprosessoreissa kellosignaalin hetkellinen virta voi nousta jopa viiteensataan ampeeriin. Se on lähes kymmenen kertaa suurempi virta, kuin minkä kestävät pienen omakotitalon pääsulakkeet yhteensä.

Viidensadan ampeerin virta on onneksi hetkellinen, muutenhan prosessori sulaisi, tai itse asiassa räjähtäisi koska sen kotelon sisältö höyrystyisi ennen kuin ehtisi sanoa ensimmäisen s-kirjaimen sanasta "synkroninen". Hetkellisestä virrastakin on paljon ongelmia. Ensinnäkin sen täytyy tulla jostain ja toiseksi johtimien täytyy kestää se. Virta tulee kondensaattoreista, joita on ahdettu piirilevylle prosessorin viereen ja nykyisissä PC:n mikroprosessoreissa itse prosessorin kotelolle. Virta kulkee prosessorin käyttöjännite- ja maanastojen läpi. Kun alkuperäisen IBM PC:n prosessori i8086 pärjäsi neljälläkymmenellä nastalla, on esimerkiksi kahden gigahertsin Pentium-4 -prosessorin kotelossa 478 nastaa, joista 85 on varattu käyttöjännitteelle ja jokseenkin käsittämättömät 181 nastaa maalle. Lisäksi näillä toimintanopeuksilla elektronit pitävät piirillä olevia johtimia enemmänkin "ohjeellisina" kulkureitteinä kuin liikkumavapautta kovin vakavasti rajoittavina kulku-urina ja vaikka elektronit itse pysyvätkin melko lailla kiinni niitä kuljettavassa metallijohtimessa, on niiden kulkusuunnan muutoksen aiheuttama sähkömagneettinen aalto sitä voimakkuusluokkaa, että sen kuulisivat radioissaan vielä naapurikuntalaisetkin, jos asialle ei tehtäisi mitään.

Jotta kellosignaalista saadaan riittävän järeä, se tarvitsee paljon tilaa, mikä tarkoittaa suoraan, että se maksaa paljon. Kello saattaa viedä neljänneksen koko piirin pinta-alasta, vaikka kysymyksessä on vain yksi signaali! Kellon tehonkulutus on vielä dramaattisempi: se saattaa olla jopa puolet koko piirin tehonkulutuksesta. 1,525 voltin jännitteellä toimiva 2,8 gigahertsin Pentium 4 kuluttaa tehoa 72 wattia ja vaatii virtaa "vaatimattomat" 45 ampeeria jatkuvasti. Itanium -prosessorien tehonkulutus nousee jo 140 wattiin. Kaikki tämä teho muuttuu termodynamiikan lakien mukaisesti lämmöksi, joka täytyy johtaa piiriltä jotenkin pois. Esimerkiksi aiemmin mainitun Pentium 4:n mikropiirin pinta-ala on 2,30 neliösenttimetriä ja tuolta pinta-alalta piiri siis tuottaa 72 wattia lämpöä. Yksinkertainen jakolasku antaa tulokseksi reilut 30 wattia neliösenttimetrille. Vertailun vuoksi saunan kiukaan yhden vastuksen (niitä on kiukaassa yleensä kolme) pinta-ala saattaa olla 300 neliösenttimetriä ja lämpenemisteho 2000 wattia, josta seuraa, että kiukaan vastus säteilee lämpöä hieman alle 7 wattia neliösenttimetriltä. Mikroprosessorin lämmöntuotto pinta-alayksikköä kohti on siis tässä esimerkissä viisinkertainen saunan kiukaaseen nähden. Kiukaasta ei tarvitse siirtää lämpöä pois tuulettimilla, mikroprosessoreista täytyy.

Kellon osuus digitaalipiirin tehonkulutuksesta voi olla jopa 50 prosenttia. Lisäksi, kun piirin kaikkia kiikkuja kellotetaan samalla kellolla, kulkevat sellaisetkin piirin osat, joita ei koko ajan tarvita, samalla kellotaajuudella koko ajan muun piirin mukana kuluttaen virtaa aivan turhaan. “Kaikille kiikuille sama kello” on hyvä periaate, mutta myös ensimmäinen, josta joudutaan luopumaan piirin koon kasvaessa suureksi.

Clock enable -esimerkissä luvussa 3.3 oli piirretty and-portti kiikun kelloon ja sanottu ponnekkaasti, että näin ei saa tehdä. Tehdäänkö nyt niin kuitenkin? Kyllä ja ei.

Edelleen on harvinaista ja jopa mikroprosessoritekniikassa yleensä tarpeetonta kytkeä portteja kiikun kellosisääntuloon. Sen sijaan itse kellosignaalia, tai tässä tapauksessa kellosignaaleja, tehtäessä johdetaan järjestelmäkellosta erinäisiä johdannaiskelloja, jotka viedään piirin eri lohkoille. And-portit siis tulevat piirille, mutta eivät kiikkujen kylkiin kiinni. Kun nämä erilaiset kellosignaalit, jotka muodostavat järjestelmän *kellopuun*, tehdään hallitusti ja keskitetysti yhdessä paikassa, on ylipäätään mahdollista saada usean kellon järjestelmä toimimaan. Silloinkin se vaatii suurta tarkkuutta ja ammattitaitoa, joka harvalta suunnittelijalta löytyy Suomen kokoisessa maassa. Se on kuitenkin tehtävissä ja kehittyneet suunnitteluohjelmat osaavat laskea kellon etenemisviiveitä ja sijoitella kiikkuja viivästetyn kellon eri vaiheisiin. Tässä kohden täytyy kuitenkin naurahtaa ja todeta, että tentissä on aivan turha tulla esittämään kytkentöjä, joissa kellosignaaleihin kiinni on piirretty logiikkaportteja, tai jos tulee, niin saa myös tuoda näytille pari prosessoria, jotka on ensin tullut suunniteltua ja saatua toimimaan.

Tehonkulutus on mahdollisesti digitaalipiirien suunnittelun suurin ongelma, joka tulevaisuudessa vielä aina vain pahenee. Jotain aiheesta kertoo se, että alan arvostetuimpiin kuuluva tutkija Jan Rabaey Berkeleyn yliopistosta on laskenut, että jos mikropiirien vuosittain käyttämän energian määrä kasvaa samaa vauhtia kuin mitä se on tähän mennessä kasvanut, on koko *galaksin* termodynaaminen energia käytetty loppuun 180 vuodessa. No, onhan Linnunrata melko pieni galaksi, mutta on se silti yhden reunahuomautuksen arvoinen energiamäärä. Jos emme aivan lähitulevaisuudessa halua parkkeerata avaruusautoa jonnekin Alpha Centaurin tienoille ja sanoa, että "Hei, anteeksi vain, kaverit, mutta me tarvitaan tää teidän tähti kun meillä on verkkopeli käynnissä", täytyy mikropiirien tehonkulutusongelma ratkaista maltillisemmin keinoin.

Mikroprosessorit ovat hyvä esimerkki digitaalipiireistä koska ne ovat yleisiä ja tämän kirjan lukijoidenkin piirissä niitä käytetään paljon ja niistä puhutaan paljon. Mikroprosessorien laskentatehot ja kellotaajuudet ovat nousseet huimasti koko niiden olemassaolon ajan. Joskus tuntuu siltä, ettei niiden suorituskyvyn ja kellotaajuuksien kasvua rajoita mikään. Eräs seikka rajoittaa kuitenkin ainakin synkronisten järjestelmien suorituskyvyn jokseenkin lopullisesti. On nimittäin eräs raja, josta ei mennä yli. Se on valon nopeus.

Time of Flight

Esimerkiksi kaikki nykyiset mikroprosessorit toimivat siten, että sama kellosignaali toimii aikareferenssinä läpi koko piirin, vaikka eri lohkojen kelloja osataankin sammuttaa toisista riippumatta. Kaikilla aktiivisilla piirin osilla on siis periaatteessa sama kello, jonka nousevasta reunasta nousevaan reunaan kuluvassa ajassa tiedon täytyy ehtiä paikasta toiseen ja vieläpä tarvittavien logiikkaporttien läpi. Mikroprosessorin kellotaajuus saattaa olla kolme gigahertsiä eli kolme miljardia nousevaa reunaa sekunnissa, mutta mikä on kellon *nopeus*?

Sähkö kulkee mikropiirillä metallijohtimessa noin 0,8-kertaista valon nopeutta. Jos kuitenkin oletetaan, että sähkö voisi kulkea valon nopeudella, niin kuinka pitkälle se pääsisi yhden kellojakson aikana?

Valon nopeus on noin 300 000 000 metriä sekunnissa. Jos se jaetaan kellojaksojen määrällä sekunnissa eli siis kolmella miljardilla, saadaan tulokseksi 0,1 metriä eli kymmenen senttimetriä. *Kymmenen senttimetriä?* Eli siinä ajassa, jossa sähkö kulkee kuparijohdossa kahdeksan senttimetriä pitäisi prosessorin vielä laskeakin jotain. Se on lähes käsittämätöntä, mutta ei (onneksi) tämän kirjan aihe.

Aikaa, joka valolta kestää kulkea piirin poikki kulmasta kulmaan kutsutaan piirin *lentoajaksi*, englanniksi ‘time of flight’. Nykyisillä piireillä time of flight on jo kymmenkunta prosenttia kellon jaksonajasta. Kellotaajuuksia ei enää juuri voi kasvattaa, vaikka prosessorivalmistajat oletettavasti tulevat markkinointiteknisistä syistä mainostamaan prosessoreitaan jollakin ekvivalenttikellotaajuusluvulla, joka todennäköisesti tulee tarkoittamaan jotain yhteisesti sodittua määritelmää sille, kuinka suuri pitäisi jonkin mahdollisesti nykyään käytössä olevan tai puhtaasti kuvitelmallisen referenssiprosessorin kellotaajuuden olla, jotta se kykenisi samaan suorituskykyyn.

Prosessorien suorituskyky tulee kyllä kasvamaan mutta todellisten kellotaajuuksien on vaikea kuvitella kasvavan yli 10-30 gigahertsin. Jotta suorituskyky kasvaisi kellotaajuuden pysyessä samana täytyy luopua kellon koheesiovaatimuksesta eli siitä, että sama kellosignaali voisi toimia ajoitusreferenssinä läpi koko piirin. Silloin digitaalipiirien luonne tulee muuttumaan jonkin verran. Yksittäiset rakenneosat, joiden monimutkaisuus on nykyisten prosessorien luokkaa pysynevät suurilta osin synkronisina, mutta piirit tulevat koostumaan useista tällaisista lohkoista, joita yhdistää *pakettiverkko*. Tällä hetkellä tutkitaan kiivaasti menetelmiä rakentaa mahdollisimman tehokas pakettikytkentäinen tietoverkko mikropiirin sisälle ja joitain toteutuksiakin ovat tutkijat jo saaneet aikaiseksi. Perusajatukseltaan tällainen verkko muistuttaa hyvin paljon esimerkiksi ethernettiä tai tavallaan jopa internettiä. Vähän samaan tapaan kuin nyt www-selaimella syötetään vaikkapa Google-hakupalvelimeen pyyntö etsiä internetistä mitä mielenkiintoisimpia asioita ja sitten odotetaan, että tiedot tulevat ruudulle saattaa jokin prosessori piirin sisällä lähettää liukulukuprosessorille verkkopaketin, jossa se pyytää suorittamaan jonkun laskutoimituksen. Kotvan kuluttua liukulukuprosessori vastaa toisella verkkopaketilla, joka sisältää laskutoimituksen lopputuloksen. Samoin lähetettäisiin keskusmuistiohjaimelle pyyntö hakea jonkin muistilohkon sisältö emolevyllä sijaitsevalta muistipiiriltä.

Epäsynkroninen laskenta

Toinen tapa kasvattaa järjestelmien suorituskykyä on luopua kellosta kokonaan. Tämä ei ole aivan niin mahdotonta kuin miltä se ehkä kuulostaa. Tulevaisuuden laskentayksiköt saattavat enenevissä määrin toimia siten, että laskutoimituksen tulos etenee kombinatoristen porttien läpi omia aikojaan ja uudet laskettavat laitetaan laskentaan jo ennen kuin edelliset ovat tulleet pihalle. Tätä periaatetta kutsutaan *aaltorintamalaskennaksi* tai *aaltorintamaliukuhihnaksi* koska eri laskutoimitukset etenevät porttimatriiseissa saman näköisesti kuin aallot Atlantin rannalla hotellihuoneen parvekkeelta katsottuna illansuussa, lämpimän merituulen puhaltaessa.

Tulevaisuuden ennustaminen on huomattavasti vaikeampaa kuin menneisyyden, joten vasta aika tulee näyttämään miltä tulevaisuuden mikropiirit näyttävät. Tämän luvun tarkoituksena oli luoda niitä visioita, jotka saavat digitaalisuunnittelijat ponnistelemaan uusien ja mahdollisesti vallankumouksellisten ratkaisujen parissa, sekä pohtia tässä kirjassa esiteltyjä suunnittelusääntöjä.

Säännöt ovat syntyneet tarpeesta ja niinikään ne tullaan purkamaan tarpeesta. Säännöt ovat siis tavallaan rikkomista varten, mutta ennen kuin niitä voi rikkoa, täytyy säännöt ja ennenkaikkea sääntöjen *syyt* tuntea perinpohjin. Muuten huomaa jossain vaiheessa *taas* tuhlanneensa uuden mikropiirin valotusmaski- ja aloituskustannukset, noin 40 000 - 60 000 euroa sekä lukemattoman määrän työtunteja aloittaakseen taas alusta, kun piiri osoittautuu täydeksi sudeksi.

7 Harjoitustehtäviä sekventiaalisesta logiikasta

1. Käy läpi luvun 1.1 NOR-porttikytkennän (SR-lukkopiiri) vaiheittainen kuvaus ja piirrä sitä vastaava ajoituskaavio

2. Voiko AND, OR, NAND, XOR tai XNOR -piireistä rakentaa SR-lukkopiirin?

3. Piirrä luvun 2.1 master-slave-kiikun ajoituskaavio kun D-sisääntulo muuttuu parin kellojakson välein; ei kuitenkaan siten, että sen muutos osuisi kellon kummankaan reunan kohdalle

4. Suunnittele synkroninen sekvensseri, joka toistaa tiloja Q[1:0] = {00 → 01 → 11 → 10 →} ja laske sen maksimikellotaajuus tehtävän 9 sääntöjä noudattaen.

Suunnittele kytkentä, joka antaa yhden kellojakson pituisen pulssin kun painonappia on painettu.

5. Suunnittele ripple counter -periaatteella toimiva kolmebittinen ylöspäinlaskija

6. Suunnittele synkroninen sekvensseri, joka toistaa tiloja Q[2:0] = {0 → 2 → 4 → 7 →}, Q ∈ {0..7}.

7. Suunnittele siirtorekisterisekvensseri, joka toistaa tiloja S[1:4] = {1100 → 0110 → 0011 → 1001 →}. Piirin täytyy päästä lopulta toimintasekvenssiinsä mistä tahansa tilasta.

8. Suunnittele siirtorekisterisekvensseri, joka toistaa tiloja S[1:4] = {1010 → 0101 → 1010 → 0101 →}. Käytä nelibittistä siirtorekisteriä. Onko parempi ratkaisu olemassa?

9. Järjestelmäkellon taajuus on 12 megahertsiä. Tee signaali, jonka taajuus on 4 megahertsiä eli siinä on nouseva reuna neljäs-

osamikrosekunnin välein. Muita vaatimuksia signaalille ei ole, paitsi, että sen täytyy tulla suoraan jonkin kiikun ulostulosta.

10. Mooren ja Mealyn koneet antavat erilaiset mahdollisuudet tehdä laite, jonka ulostulosignaali R vaihtaa tilaansa joka kellojaksolla kun ulkoinen ohjaussignaali E = 1. Kun E = 0, R ei vaihda tilaansa vaan voi olla joko 0 tai 1 kunhan on sitä vakaasti. Piirrä molemmat kytkennät ja kerro, mitä periaatteellisia eroja niissä on.

11. Lue liitteen 4 selostus ROM-muistipiireistä. Korvaa sen jälkeen luvun 5.1 hissin ohjaimen Mooren tilasiirtymälogiikka ROM-muistipiirillä. Kerro mitkä luvut ohjelmoitaisiin muistipiirin sisään.

12. Suunnittele nelibittinen “kassakone”. Siinä tulee olla neljä bittiä leveä rekisteri, joka pitää sisällään kulloinkin koneessa olevan “summan”. Laitteen toimintaa ohjataan signaaleilla A, S ja Z. Rekisteriin pitää voida lisätä tai vähentää nelibittiseltä väylältä N tuleva luku nostamalla signaali A ylös yhden kellojakson ajaksi. Niinikään nostaamalla signaali S ylös yhden kellojakson ajaksi voidaan rekisteristä vähentää luku N. Nostamalla Z ylös yhden tai useamman kellojakson ajaksi rekisteri pitää voida nollata. Käytettävissä on kokosummaimia ja perusportteja.

13. Laske liitteen 2 taulukkoa hyväksikäyttäen maksimikellotaajuudet kaikille kirjan esimerkkikytkennöille, jotka sisältävät D-kiikkuja. Jos taulukosta ei löydy jotain tarvittavaa primitiiviä, arvioi sen etenemisviive niiden primitiivien avulla, jotka taulukosta löytyvät. Varmista, että kiikkujen D-sisääntulot ovat vakaita vähintään 0,12 nanosekuntia ennen nousevaa kellonreunaa.

LIITTEET

1 Todellisia signaaleja

Ajoituskaavioissa digitaaliset signaalit esitetään usein ideaalisina, äärettömän nopeasti nousevina ja laskevina kanttiaaltoina. "Todellisessa maailmassa" signaalit ovat usein kaikkea muuta kuin ideaalisia.

Alla on esitelty joitakin oskilloskoopilla mitattuja digitaalisignaalin aaltomuotoja. Niistä saa jonkinlaisen käsityksen joistakin häiriötekijöistä, jotka digitaalisia signaaleja vaivaavat.

1.1 "Ideaalinen" digitaalisignaali

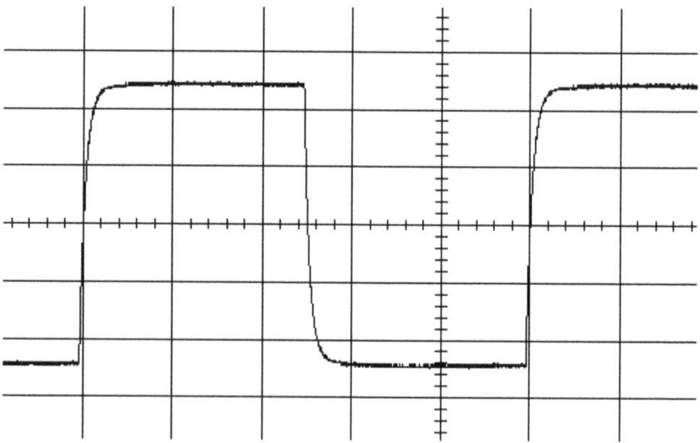

"Ideaalinen" digitaalisignaali

Kuvassa on esitetty digitaalinen signaali niin hyvänä, kuin se todellisessa järjestelmässä oikeastaan voi olla. Signaalista on selkeästi tunnistettavissa tasot "0" (alhaalla) ja "1" (ylhäällä). Siirtymä tasojen välillä on nopea ja selkeä.

Huomaa, miten signaali hieman "pyöristyy" tason muutoksen eli transition jälkeen. Tämä on tyypillistä nykyisille mikropiireille eli niin sanotuille CMOS-piireille[1]. CMOS-piireissä signaalin kuorman sanotaan olevan *kapasitiivista*. Tämä tarkoittaa ja johtuu siitä, että CMOS-piiri koostuu suuresta määrästä (usein miljoonia) transistoreita ja johtimia. Molemmista aiheutuu piirille kapasitanssia, ne ikään kuin tuovat mukanaan pieniä kondensaattoreita. Niin kuin sähkötekniikan tai fysiikan tunneilta ehkä voidaan muistaa, kondensaattori on kuin pienenpieni akku, joka täytyy varata aina, kun nolla muuttuu ykköseksi, ja purkaa, kun ykkönen muuttuu nollaksi. Jos kondensaattori haluttaisiin varata tai purkaa äärettömän nopeasti, tarvittaisiin vastaavasti äärettömän suuri varaus- tai purkuvirta, minkä aikaansaaminen on mahdotonta.

1.2 Nopeat häiriöt

Seuraavan sivun kuvassa on digitaalisignaali, johon on kytkeytynyt nopeita häiriöitä. Niitä voi tulla esimerkiksi häiriöllisestä käyttöjännitteestä tai maasta. Myös lähellä olevien muiden signaalien nousevat ja laskevat reunat aiheuttavat häiriöpiikkejä signaaliin niin sanotun *kapasitiivisen kytkeytymisen* ansiosta. Kapasitiivinen kytkeytyminen tarkoittaa sitä, että vierekkäiset

1. Complementary Metal-Oxide-Semiconductor, CMOS, (suom. *vastakkainen metalli-oksidi-puolijohderakenne)*. 1980 -luvulta lähtien yleistynyt mikropiirien toteutusmenetelmä, jossa piiri koostuu vastakkaisista kanavatransistoripareista. Kanavatransistorit muodostetaan eristämällä metalliset hilat puolijohteesta ohuella piioksidikerroksella. Eristeen läpi vaikuttavat sähkökentät vaikuttavat elektronien kulkuun puolijohteessa. Hilan ja puolijohteen välille muodostuu eristeen ansiosta kondensaattori, jonka kapasitanssi on tyypillisesti muutaman femtofaradin luokkaa. CMOS -piireille on ominaista erittäin pieni tehonkulutus verrattuna CMOS:ia edeltäviin tekniikoihin.

johtimet mikropiirillä muodostavat keskenään ikään kuin pienen levykondensaattorin, jossa pinta-ala on signaalijohtimen poikkipinta-ala. Kapasitiivista kytkeytymistä kutsutaan myös *ylikuulumiseksi* (*'crosstalk'*).

Yleensä nopeat häiriöt kytkeytyvät signaaliin nimenomaan käyttöjännitteen kautta. Kun monta signaalia muuttaa yht'aikaa tilansa ykköseksi tai nollaksi, täytyy käyttöjännitelinjojen pystyä tuottamaan hetkellisesti suuri virta, jotta kaikkien piirin komponenttien sisäiset kapasitanssit saadaan varattua ja purettua. Jos käyttöjännitelinja ei pysty täyttämään tätä virrantarvetta (eikä se koskaan pysty siihen *äärettömän* nopeasti), käyttöjännite "antaa periksi" hetkellisesti, jolloin käyttöjännite ensin laskee ja nousee sitten taas normaalille tasolleen. Tämä näkyy suoraan häiriöinä kaikissa läheisissä signaaleissa.

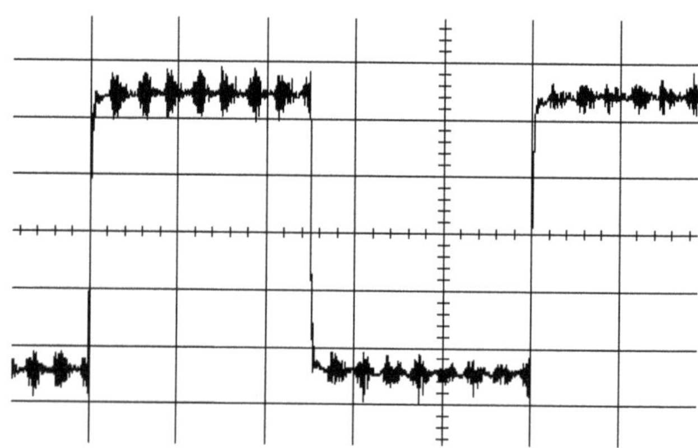

Signaaliin kytkeytyneitä nopeita häiriöitä.
Nämä eivät vielä haittaa, 0- ja 1-tasot erottuvat selvästi.

1.3 Kapasitiivinen kuorma

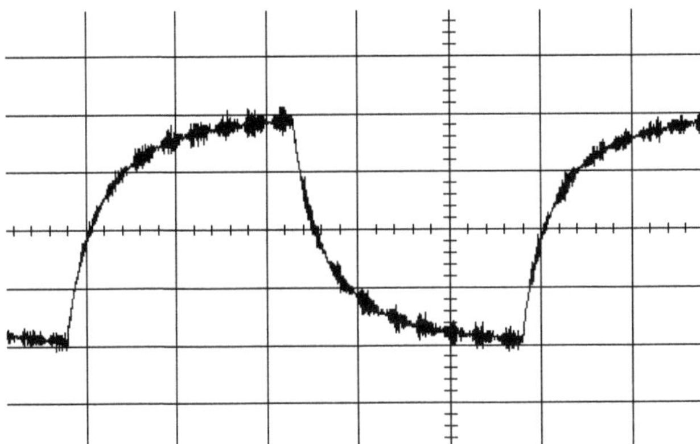

Kapasitiivisen kuorman vaikutus signaaliin.

Kun signaalin nopeus kasvaa riittävän suureksi, alkaa signaalin kapasitiivinen kuorma haitata merkittävästi. Kuva on saatu kytkemällä kondensaattori digitaaliseen ulostuloon mikropiirin ulkopuolelle, joten signaalissa näkyvät nopeat häiriöt eivät ole aivan samanlaisia kuin miltä ne mikropiirin sisällä näyttäisivät. Perusaaltomuoto on kuitenkin oikeanlainen.

Kuvan signaali ei itse asiassa ole vielä mitenkään erityisen huono. Nousevat ja laskevat reunat ovat siinä vielä melko selkeästi tunnistettavissa. Kun digitaalipiiri yritetään saada toimimaan mahdollisimman suurella kellotaajuudella, alkavat signaalit näyttää melko lailla kuvan kaltaiselta. Kiikulle riittää, että nousevalla kellonreunalla sisääntulo on selvästi ylhäällä tai alhaalla. Kellosignaalin puhtauteen sitä vastoin täytyy kiinnittää erityistä huolta.

1.4 Piirien ulkopuolelta tulevat häiriöt

Viimeisessä kuvassa on esitetty pahasti häiriöllinen digitaalisignaali. Häiriöt ovat niin suuria, että signaalin tilan tunnistaminen, reunoista puhumattakaan, on lähes mahdotonta, koska häiriöt ovat jo itse hyötysignaalin suuruuden luokkaa.

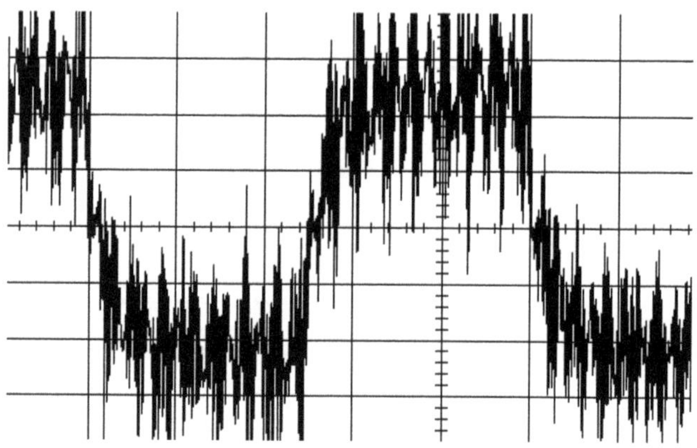

Pahasti häiriöllinen signaali

Näin pahoja häiriöitä esiintyy vain piirin ulkopuolelta tulevissa signaaleissa, kuten tietoliikenneväylissä. Kuvan kaltaisten häiriöiden aiheuttajista pahimpia ovat esimerkiksi hitsauskoneet ja muut riemukkaat teollisuuden laitteet, joissa esiintyy kipinöitä tai valokaaria. Myös GSM -puhelimet aiheuttavat lähietäisyydeltä yksittäisiä piikkejä signaaleihin, jos johtimia ja piirejä ei ole suojattu riittävästi.

2 Perusporttien transistorimalleja

Perusdigitaalisuunnittelussa ei suunnittelijan tarvitse yleensä tietää, kuinka hänen käyttämänsä komponentit on toteutettu. Toteutustekniikan perusymmärtämys saattaa kuitenkin avartaa näkemystä digitaalisten komponenttien toiminnasta, mikä on aina hyödyllistä.

Elektroniikan opiskelijaa voivat yhtymäkohdat elektroniikan ja digitaalitekniikan komponenttien välillä kiinnostaa suurestikin. Myöhemmin piille suunnittelussa ja mikropiirien tuotantotekniikassa tarvitaan pitkälle meneviä tietoja valmistusprosessista. Tässä luvussa käydään läpi perustiedot tämän hetken yleisimmästä digitaalipiirien toteutustekniikasta eli CMOS- eli vastakkaiskanavatransistoritekniikasta.

CMOS-tekniikka perustuu tasan kahdenlaisten transistorien: avaustyypin N- ja P-kanava-mosfetien käyttöön. Alla olevassa kuvassa on esitelty niiden piirrosmerkit elektroniikassa ja digitaalitekniikassa. Digitaalitekniikassa voidaan käyttää yksinker-

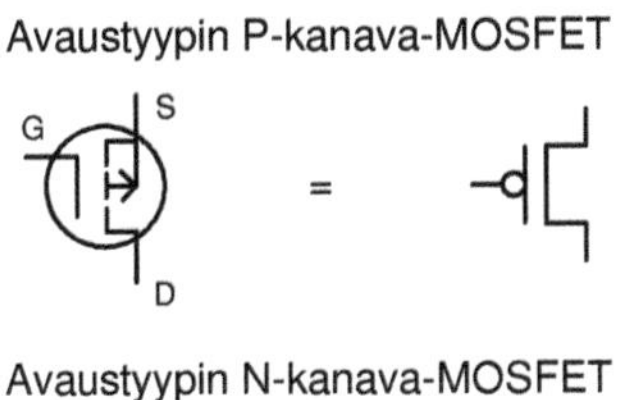

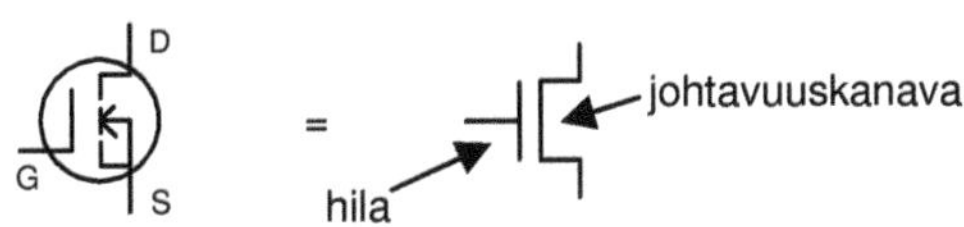

CMOS-tekniikassa käytettyjen transistorien piirrosmerkit elektroniikassa ja digitaalitekniikassa.

taisempaa piirrosmerkkiä,[1] koska CMOS-prosessi asettaa käytännön rajoituksia sille, kuinka transistorit voidaan kytkeä. Myös transistorien toiminnan analysoiminen on digitaalitekniikassa helpompaan kuin yleisesti elektroniikassa, sillä transistorit pyritään aina pitämään joko täysin eristävinä (cut-off -tilassa) tai täysin johtavina (saturaatiossa).

CMOS-tekniikassa transistorit ovat lähtökohtaisesti aina pareittain siten, että yhtä N-kanavatransistoria vastaa yksi P-kanavatransistori. Ne on sijoitettu kytkentään siten, että N-kanavatransistorilla pyritään ajamaan ulostuloa alaspäin ja P-kanavatransistorilla ylöspäin. Yksinkertaisin esimerkki tällaisesta transistoriparista on CMOS-invertteri, jossa ei muuta olekaan.

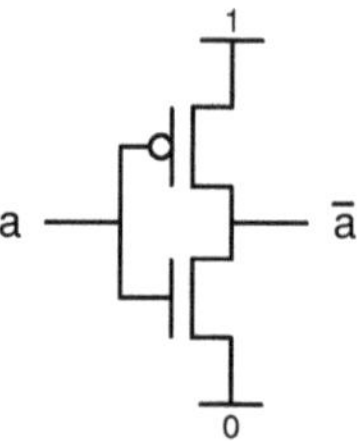

CMOS-tekniikalla toteutettu NOT-portti eli CMOS-invertteri.

N-kanavatransistori saadaan johtamaan tuomalla sen hilalle positiivinen jännite. Jännite mitataan johtavuuskanavaan, tarkemmin sanottuna sen S- eli source-päähän nähden, ja koska N-kanavatransistori on kytketty siten, että sen source on aina nollaa kohti, on transistorin toiminta aivan erityisen yksinkertainen: **N-kanavatransistori johtaa, kun hilalle tuodaan ykkönen**.

1. Piirrosmerkki on helppo muistaa siitä, että **P**-kanavatransistoriin on **P**iirretty **P**allo. Pallollinen johtaa nollalla ja palloton ykkösellä.

P-kanavatransistori toimii vastakkaisesti siten, että se saadaan johtamaan tuomalla hilalle sourceen nähden negatiivinen jännite. P-kanavatransistori kytketään aina siten, että sen source on kohti käyttöjännitettä eli ykköstä, joten P-kanavatransistorin toiminta on aivan yhtä yksinkertainen: **P-kanavatransistori johtaa, kun hilalle tuodaan nolla**. Siis: jos a=1 niin N-kanavatransistori vetää ulostulon alas. Jos a=0 niin P-kanavatransistori vetää ulostulon ylös. Kyseessä on siis NOT-portti eli invertteri.

Tutkitaan seuraavaksi alla olevaa kytkentää:

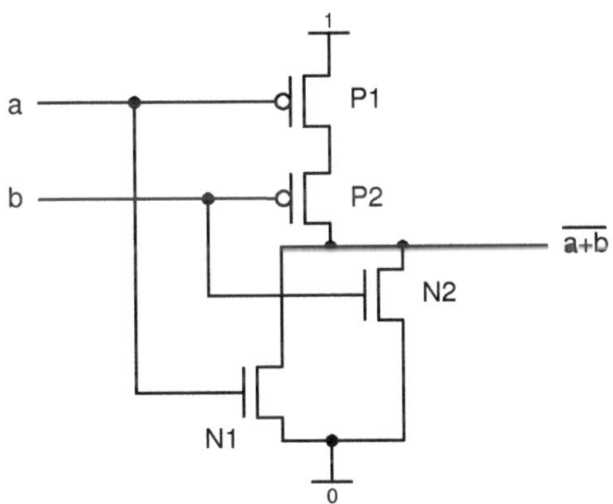

CMOS-tekniikalla toteutettu NOR-portti.

Transistorit P2 ja N2 muodostavat samanlaisen komplementaarisen parin kuin CMOS-invertterissä. Sen lisäksi P1 ja N1 muodostavat toisen komplementaarisen parin. Jos a=1 niin N1 johtaa vetäen ulostulon alas. Jos b=1 niin N2 johtaa vetäen ulostulon alas. Siis siihen, että ulostuloon tulee nolla riittää, että edes toinen sisääntuloista a ja b on vedetty ylös. Kytkentä on siis NOR-portti. Lisäksi, koska P1 ja P2 ovat N1:lle ja N2:lle vastakkaisia, ei voi syntyä tilannetta, jossa transistorien läpi olisi oikosulku käyttöjännitteestä maahan.

NAND-portti saadaan vastaavasti:

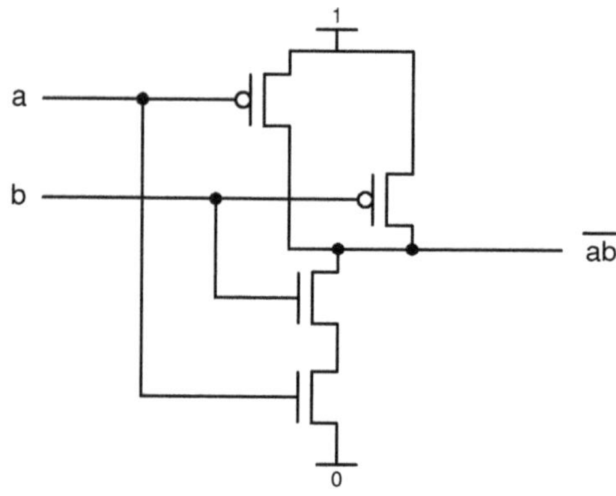

CMOS-tekniikalla toteutettu NAND-portti

Kuten aiemmin mainittiin, CMOS-tekniikassa P-kanavatransistorit sijoitetaan käyttöjännitettä ja N-kanavatransistorit maata vasten. Tällä järjestelyllä pyritään siihen, että kytkennän kaikkien signaalien potentiaalit ovat joko lähellä käyttöjännitettä tai lähellä maata. Näiden väliin jääviä potentiaaleja esiintyy ainoastaan tilanvaihdoksissa. Tällöin sekä N- että P-kanavatransistorit johtavat hetkellisesti yht'aikaa, jolloin virta pääsee kulkemaan käyttöjännitteestä maahan,[1] mikä on merkittävä virrankulutustekijä.

1. Periaatteessa piille muodostettavien transistorien kynnysjännitteet voitaisiin prosessissa valita siten, etteivät transistorit johtaisi millään hilapotentiaalilla yht'aikaa. Tämän seurauksena piirin kohinaherkkyys kuitenkin kasvaisi ja transistorien virranajokyky vähenisi, jolloin piiri olisi hidas ja epäluotettava. Käytännölliseksi kynnysjännitteeksi tulee noin 0,5 ... 0,8 volttia, jolloin esimerkiksi 3,0 voltin käyttöjännitteellä potentiaalit 0,5...2,5 volttia ovat ei-toivottuja. Huomaa, että tästä syystä CMOS-piirin kaikki käyttämättömät sisääntulot on syytä kytkeä joko maahan tai käyttöjännitteeseen.

Säännöstä seuraa myös, että AND- ja OR -portit täytyy käytännössä toteuttaa yhdistämällä NAND- tai NOR-portti ja invertteri:

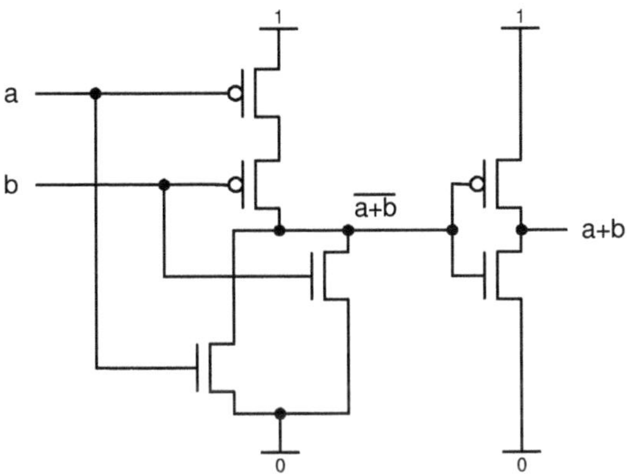

CMOS-tekniikalla toteutettu OR-portti

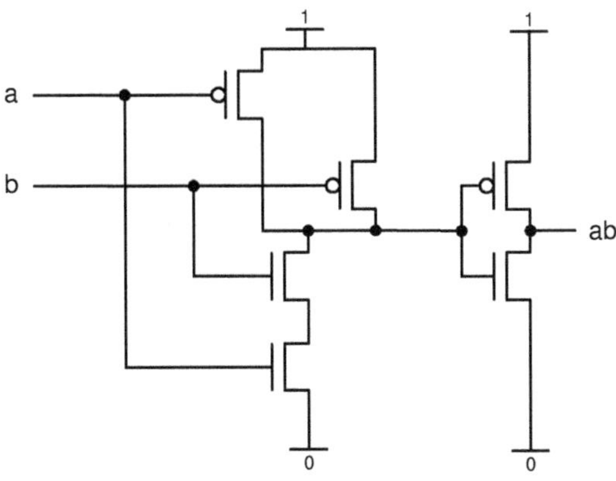

CMOS-tekniikalla toteutettu AND-portti

3 Etenemisviiveitä ja vertailukustannuksia

Alla olevaan taulukkoon on poimittu joitakin erään 3,3 voltin, 0,35 mikrometrin standardisolukirjaston primitiivien vertailupinta-aloja ja keskimääräisiä etenemisviiveitä nanosekunteina.

Solu	t_{pd}	Ala	Selitys
AND2	0,30	4	and, 2 sisääntuloa
AND2A	0,38	5	and, 2 sisääntuloa (1 invertoitu)
AND3	0,32	5	and, 3 sisääntuloa
AND4	0,38	6	and, 4 sisääntuloa
DFF	0,48	14	D-kiikku
DL	0,46	11	D-lukkopiiri
FA	0,38	14	kokosummain
HA	0,36	9	puolisummain
INV	0,19	2	invertteri
JKFF	0,59	20	JK-kiikku
MUX21	0,34	7	yksi kahdesta -multiplekseri
MUX41	0,72	17	yksi neljästä -multiplekseri
NAND2	0,20	3	nand, 2 sisääntuloa
NAND2A	0,31	4	nand, 2 sisääntuloa (1 invertoitu)
NAND3	0,21	4	nand, 3 sisääntuloa
NAND4	0,23	5	nand, 4 sisääntuloa
NOR2	0,21	3	nor, 2 sisääntuloa
NOR2A	0,34	4	nor, 2 sisääntuloa (1 invertoitu)
NOR3	0,23	7	nor, 3 sisääntuloa
NOR4	0,24	7	nor, 4 sisääntuloa
OR2	0,29	4	or, 2 sisääntuloa
OR2A	0,37	5	or, 2 sisääntuloa (1 invertoitu)
OR3	0,32	5	or, 3 sisääntuloa
OR4	0,34	6	or, 4 sisääntuloa
XNOR2	0,26	6	xnor, 2 sisääntuloa
XNOR2	0,58	13	xnor, 3 sisääntuloa
XOR2	0,28	6	xor, 2 sisääntuloa
XOR3	0,58	13	xor, 3 sisääntuloa

Mikropiirien valmistajat (tehtaat) julkaisevat ns. standardisolukirjastoja, jotka ovat tehtaan jollekin tuotantolinjalle optimoituja peruskomponenttikokoelmia. Komponentteja on tyypillisesti satoja, sillä perusporteistakin on yleensä useita versioita, jotka poikkeavat toisistaan esimerkiksi nopeuden ja virranajokyvyn suhteen. Suunnitteluohjelmiston avulla piiri koostetaan joko standardisoluista tai '*full custom*' -suunnitteluna eli itse "suoraan piille" piirtämällä.

Solukirjaston etenemisviiveet ilmoitetaan simulointia varten hyvin tarkasti. Porttien eri sisääntuloilla voi olla eri etenemisviiveet. Etenemisviive voi olla eri pituinen signaalin noustessa alhaalta ylös kuin laskiessa ylhäältä alas. Sillä, kuinka useaa sisääntuloa kunkin ulostulon täytyy ajaa ('*fan-out*') on merkittävä vaikutus viiveisiin. Taulukon arvot on koostettu keskiarvottamalla siten, että ne ovat keskenään vertailukelpoisia ja antavat tarkahkon lopputuloksen kun kukin ulostulo ajaa keskimäärin alle viittä sisääntuloa.

Komponentin pinta-ala on merkittävä suure siksi, että se määrää komponentin hinnan. Pinta-alat ovat keskenään vertailukelpoisia pinta-alayksikköjä. Taulukosta nähdään mm. että piirin sisääntulojen määrän ('*fan-in*') kasvaessa vertailukustannus kasvaa.

(Ohjelmoitavissa) logiikkapiireissä kytkentöjen monimutkaisuutta ja piirien suorituskykyä luonnehditaan yksiköllä *ekvivalenttiportti*. Se on kunkin piirivalmistajan valitsema vertailuyksikkö, joka voi olla määritelty esimerkiksi siten, että NAND2-portti on yksi ekvivalenttiportti tai, että 5 transistoria on kaksi ekvivalenttiporttia tai, että kokosummain on 16 ekvivalenttiporttia tai, että kokosummain on 11 ekvivalenttiporttia. Eri valmistajien ilmoittamat ekvivalenttiporttimäärät eivät ole vertailukelpoisia.

4 Vanhoja kiikkutyyppejä

4.1 T-kiikku

Jos D-kiikun invertoitu ulostulo kytketään sen sisääntuloon, saadaan komponentti, joka vaihtaa tilaansa joka kellojaksolla. saadaan T-kiikku (Toggle Flip-Flop), joka vaihtaa tilaansa joka kellojaksolla.

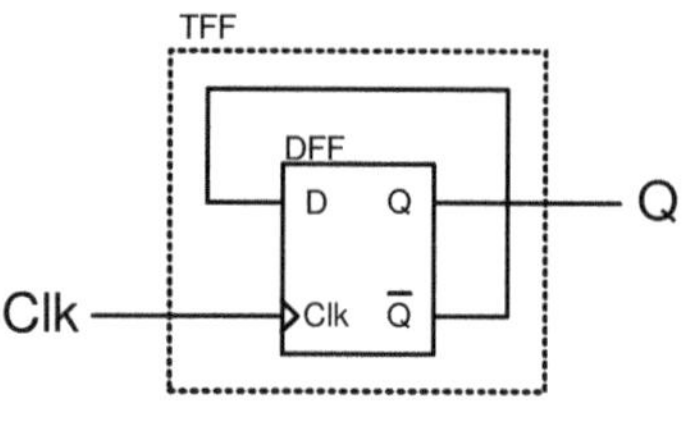

T-kiikun rakenne

T-kiikku toteuttaa toiminnan *kun Clk↑:* $Q \Leftarrow \overline{Q}$. Komponentti on käyttökelpoinen lähinnä taajuuden jakajana; jos sisään tulee esimerkiksi 10 megahertsiä, ulos tulee 5 megahertsiä. Asia selviää parhaiten katsomalla seuraavaa ajoituskaaviokuvaa. Ulostulo vaihtuu joka nousevalla reunalla.

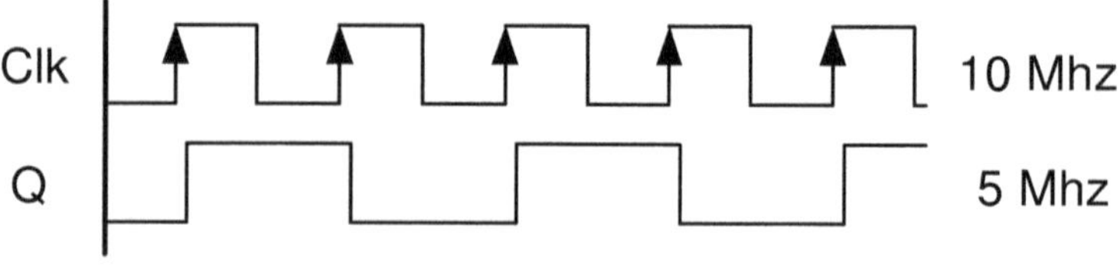

Ajoituskaavioesimerkki T-kiikun toiminnasta

T-kiikulla tällaisenaan on varsin rajallisesti käyttökohteita. Se on hyödyllisempi, kun siihen lisätään sisääntulo, jolla voidaan ohjata sitä, vaihtaako se tilaansa (*togglaa*) vai ei. Siitä myöhemmin.

4.2 JK-kiikku

JK -kiikku on eräs vanha kiikkutyyppi. Se piirretään vanhaan tapaan näin:

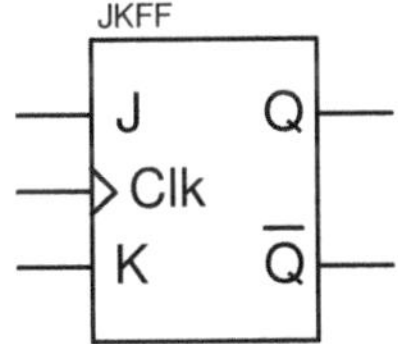

JK-kiikun perinteinen piirrossymboli

Piirtotavassa on tuulahdus aitoa 70-luvun digitaalisuunnitteluhenkeä, sillä kello on piirretty keskelle vasenta reunaa, mitä nykyään vältetään. Se ei haittaa, koska koko JK-kiikkua ei nykyään juuri käytetä. Vanhoissa kytkentäkaavioissa niitä sen sijaan näkee paljon, joten sen tunteminen on tarpeen.

JK-kiikkua käytettiin paljon siksi, että kaksi sisääntuloa J ja K antavat yhtä D-sisääntuloa enemmän mahdollisuuksia kiikun ohjaukseen ja siksi JK-kiikkua ohjaava logiikka voidaan usein toteuttaa pienemmällä porttimäärällä kuin D-kiikun ohjaus. D-kiikku vetää kuitenkin pisteet kotiin huomattavasti JK-kiikkua selkeämmällä ohjauksella. JK-kiikun tilataulu on seuraava:

Kun Clk↑:

J K	Q
0 0	Q^{-1}
0 1	0
1 0	1
1 1	$\overline{Q}^{-1}$

JK-kiikun tilataulu

Kellon nousevalla reunalla tapahtuu seuraavaa: Jos [J, K] = 00, kiikku säilyttää tilansa. Kun [J, K] = 01, Q laskee alas. Kun [J, K] = 10, Q nousee ylös. Kun molemmat sisääntulot ovat ylhäällä, kiikku vaihtaa tilaansa.

J- ja K -sisääntulot antavat aina *kaksi* eri mahdollisuutta ohjauksen tekemiseen. Esimerkiksi jos kiikun ulostulossa on 0 ja se pitäisi saada nousemaan ylös, sen voi käskeä *menemään ylös* ([J, K] = 10) tai *vaihtamaan tilaansa* ([J, K] = 11) jolloin se niin ikään menee ylös. Logiikka, joka aikaansaa tilanvaihdoksen on siis [J, K] = 10 tai 11 eli 1X. Sama Boolen algebralla olisi $J\overline{K} + JK = J(\overline{K} + K) = J(1) = J$.

Koska jokaiseen tilan asetukseen (pysy nollassa, mene nollaan, mene ykköseen, pysy ykkösessä) on kaksi mahdollista ohjausta, tulee JK -kiikun ohjauslogiikasta yleensä porttimäärältään pienempi kuin vastaavasta ohjauslogiikasta D-kiikulle.

JK -kiikku voidaan ajatella D-kiikun laajennuksena purkamalla auki kaikki JK -kiikun tilataulun rivit ja sijoittamalla Q:n uusi arvo *D-kiikun D-sisääntuloon.* Q sisältää kiikun vanhan tilan, D uuden tilan:

J	K	Q	D
0	0	0	0
0	0	1	1
0	1	0	0
0	1	1	0
1	0	0	1
1	0	1	1
1	1	0	1
1	1	1	0

JK-kiikun toimintalogiikan totuustaulu

Totuustaulu voidaan ratkaista Karnaugh'n kartalla:

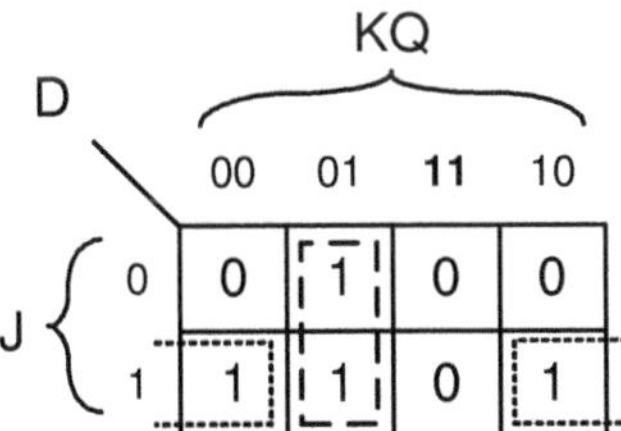

JK-kiikun toimintaa vastaava ohjauslogiikka D-kiikulle

$$D = J\overline{Q} + \overline{K}Q$$

Lauseesta voidaan tehdä toteutus JK-kiikulle:

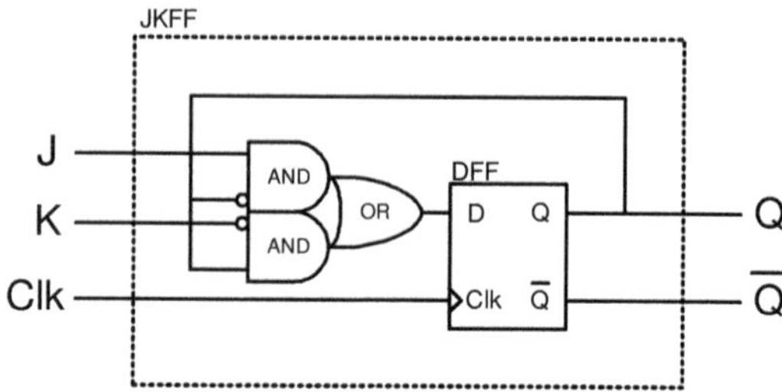

JK-kiikun toteutus D-kiikun avulla

JK-kiikusta voisi tehdä alkuperäistä käyttökelpoisemman T-kiikun. Tosin siihenkin on parempia ratkaisuja.

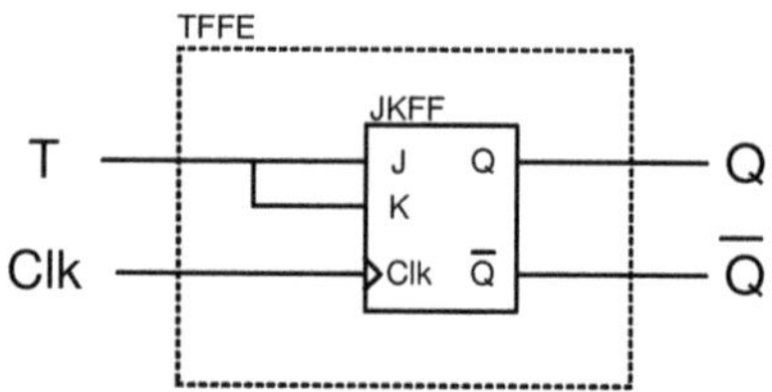

Enable -sisääntulolla varustettu T-kiikku toteutettuna JK-kiikulla

5 Molemmille reunoille herkkä rekisteripiiri eli "Dual Data Rate" -kiikku

Aina silloin tällöin joku, joka on juuri lukenut "Dual Data Rate -muistipiireistä" kysyy eikö mikropiirejä saisi tuplaten nopeammaksi jos kiikut toimisivat sekä nousevalla että laskevalla kellonreunalla. Onneksi kysymykseen on helppo vastaus: "Ei saisi."

Koska tämä vastaus ei aina tunnu kuulijaa tyydyttävän, on yleisen mielenrauhan saavuttamiseksi ehkä syytä käsitellä asiaa hieman. Kiikku, joka toimii sekä nousevalla että laskevalla kellonreunalla voidaan rakentaa kahdesta kiikusta esimerkiksi alla olevan kuvan tapaan. Ratkaisu ei ole optimaalisin, mutta ehkä helpoin ymmärtää.

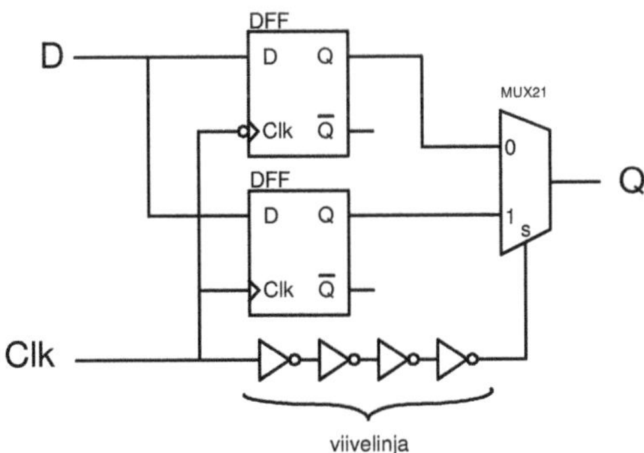

Ylempi D-kiikku on laskevalla reunalla aktiivinen. Kun Clk laskee alas, ylempi D-kiikku lukee sisääntulonsa ja päivittää ulostulonsa. Multiplekserin valintalinja laskee myös alas, tosin "turvallisuussyistä" vasta pienen viiveen jälkeen, jolloin ulostuloon valitaan ensimmäisen D-kiikun ulostulo.

Alempi D-kiikku on nousevalla reunalla aktiivinen. Kun Clk nousee ylös, päivittyy alemman D-kiikun tila ja (jälleen pienen viiveen kuluttua) multiplekseri valitsee ulostuloon alemman D-kiikun ulostulon. Kytkentä sinällään toimii, mutta katsotaanpa erästä seikkaa tarkemmin ennen analyysiä kytkennän hyödyllisyydestä, nimittäin *viivelinjaa* sisääntulevan kellon ja multiplekserin välillä.

Multiplekserin sisääntulonvalinnassa on pieni viive, joka aikaansaadaan kytkemällä parillinen määrä inverttereitä peräkkäin. Niillä ei ole vaikutusta signaalin totuusarvoon, mutta ne aiheuttavat viivettä signaalin kulkuun.

Viivettä tarvitaan, koska multiplekseri itsessään on *liian* nopea komponentti kytkettäväksi suoraan kelloon. Ongelmaa ei tuota itse multiplekseri vaan se *seuraava kiikku*, johon multiplekserin ulostulo kytketään. Jos kellosignaali kytkettäisiin suoraan multiplekseriin, sen ulostulo voisi muuttua käytännössä äärettömän lyhyen ajan jälkeen Clk -signaalin reunasta, koska Clk -signaalikaan ei ole mikropiirillä rajattoman nopea, eivätkä ole kiikutkaan.

Jotta kiikku toimisi varmasti, sen D-sisääntulo saa vaihtua vasta, kun kellon reuna on varmasti ohitettu ja on vieläpä kulunut se aika, joka kiikulta kestää "mitata" D-sisääntulon tila. Jokaisen kiikun "käyttöohjeessa" eli datalehdessä ilmoitetaan kuinka kauan D-sisääntulon pitää olla vakaa ennen ja jälkeen kellonreunan. Näitä aikoja kutsutaan nimillä *setup time* ja *hold time*. Jos sisääntulo muuttuu näiden aikarajojen sisällä, D-kiikku ei ehkä saa luettua oikeaa tilaa ja voi vieläpä joutua vielä vakavampaan virhetilanteeseen: muuttua *metastabiiliksi*.

Metastabiilius tarkoittaa sitä, että kiikun tila jää jumiin ykkösen ja nollan puoliväliin. Ikään kuin se itsessään ei olisi vielä tarpeeksi paha, kiikku voi jäädä metastabiiliksi pitkäksikin aikaa, jopa usean kellojakson ajaksi eli uusi kellonreuna ei välttämättä normalisoi tilannetta. Tänä aikana kiikku ei toimi, millä on yleensä varsin katastrofaalisia seurauksia koko järjestelmän toiminnan kannalta.

Edellä mainittiin, että tällainen "Dual Data Rate" -kiikku kyllä toimii, mutta miksi sitä ei juuri käytetä? Yksinkertaisesti siksi, että nopeampikin ratkaisu on olemassa ja sitä on käytetty koko ajan. Yksinkertaisesti, jos halutaan jokin toiminto toimimaan kellon molemmilla reunoilla, on nopeampaa, helpompaa ja halvempaa laittaa piirille rinnakkain kaksi tällaista toimintoa, joista toinen toimii nousevalla ja toinen laskevalla kellonreunalla, kuin käyttää tällaisia "Dual Data Rate" -kiikkuja. "Dual Data Rate" -kiikku on hitaampi kuin tavallinen johtuen ylimääräisestä monimutkaisuudesta. Lisäksi kombinatorisen logiikan, joka ohjaa "Dual Data Rate" -kiikkua pitäisi olla kaksi kertaa nopeampaa kuin tavallisen kiikun ohjauslogiikan, jotta päästäisiin samaan suorituskykyyn. Pinta-alassakaan ei saada säästöjä, koska "Dual Data Rate" -kiikku on suurempi kuin tavallinen kiikku. Hieman säästöä saadaan signaalivedoissa ja tehonkulutuksessa. Tuplamäärällä tavallisia kiikkuja tarvitaan tuplamäärä signaalivetoja. Mikropiirillä ne ovat kuitenkin suhteellisen halpoja toisin kuin piirien välillä kulkevat väylät esimerkiksi PC:n prosessorin ja muistipiirien välillä. Tästä syystä Dual Data Rate -tekniikkaa käytetään tietokoneiden muistiväylissä. Joitakin Dual Data Rate -laskentatoteutuksia tunnetaan, mutta ne eivät ole tyypillisesti olleet hinnaltaan tai suorituskyvyltään merkittävästi perinteisiä parempia. Lisäksi Dual Data Rate -tekniikka asettaa erityisen suuret vaatimukset kellosignaalin puhtaudelle ja ajoitukselle.

6 Monimutkaisempia komponentteja

Tässä luvussa käsitellään joitakin komponentteja, jotka ovat monimutkaisempia kuin aiemmin esitellyt. Tämä luku on liitteenä, koska ne eivät oikeastaan kuulu digitaalitekniikan **perusteisiin.** Ne ovat kuitenkin tärkeitä käytännön järjestelmiä suunniteltaessa ja jatkettaessa digitaalisuunnittelussa pidemmälle.

6.1 Muistit

Erilaiset muistikomponentit ovat digitaalisissa järjestelmissä tärkeitä. Puolijohdemuistit (engl. *solid state memories*), joita tässä luvussa käsitellään, ovat sellaisia muisteja, joissa ei ole liikkuvia osia, eli esimerkiksi kovalevyt eivät kuulu näihin.

Lukumuisti (ROM, Read Only Memory)

Lukumuisteista voi järjestelmässä vain lukea. Sellaisiin tallennetaan järjestelmässä muuttumatonta tietoa. Esimerkiksi PC-tietokoneen **BIOS** (Basic Input-Output System) sisältää ohjelmaa, jota suoritetaan välittömästi virtojen päälle kytkemisen jälkeen. Se on jonkinlaisessa ROM-muistissa.

Komponenttina ROM -piiri on hyvin yksinkertainen. Siinä on yksinkertaisimmillaan kaksi väylää: *osoitesisääntulo* ja *dataulostulo*. Esimerkiksi lukumuistipiiri, joka sisältää kahdeksan nelibittistä sanaa olisi nimeltään ROM8X4 tai LUT8X4 (LUT tulee sanoista Look-Up Table).

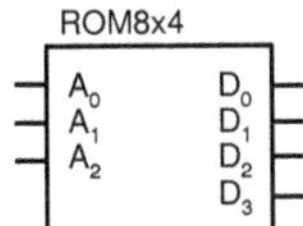

Kahdeksan osoitteen lukumuistipiiri, jonka sananleveys on 4 bittiä

Osoitesisääntulo A[2:0] valitsee jonkin kahdeksasta mahdollisesta osoitteesta. Kussakin osoitteessa on nelibittinen luku, jonka piiri asettaa ulostuloihinsa. Piirin sisältö ohjelmoidaan valmiiksi mikropiiritehtaalla. Koska ohjelmointi tapahtuu vaihtamalla piirin valmistusprosessissa yhden metallointikerroksen valotusmaski, komponenttia kutsutaan *maski-ROMiksi* kun sen tyyppi halutaan erityisesti yksilöidä.

Lukumuisteja käytetään esimerkiksi taulukkotiedon ja tietokoneen kiinteän ohjelmiston tallettamiseen, mutta digitaalitekniikassa sillä on toinenkin käyttö. Koska sen sisältö on vapaasti ohjelmoitavissa minkälaiseksi vain, se voidaan ohjelmoida toteuttamaan mikä tahansa kolmen sisääntulon ja neljän ulostulon kombinatorinen logiikka. Useimmat ohjelmoitavat logiikkapiirit käyttävät jollain tavalla hyväkseen tällaisia komponentteja. Tosin useimmiten käytetään *maskiohjelmoitavan* ROM-piirin sijaan jotain helpommin ohjelmoitavaa piirityyppiä. Niistä lisää myöhemmin.

Valintasisääntulot

Kun piiriin lisätään sisääntuloja, joilla voidaan valita onko piiri aktiivinen vai ei, voidaan helpottaa sen käyttöä useissa tilanteissa.

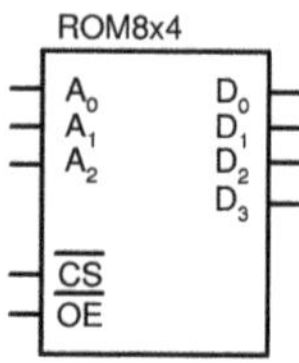

Chip Select ja Output Enable -sisääntuloilla varustettu lukumuistipiiri

Chip Select (piirin valinta) -sisääntulo on määräävin kaikista mahdollisista muistipiirien ohjausnastoista. Historiallisista syistä se on yleensä aina alhaalla aktiivinen. Jos chip select on ylhäällä, mitään ei tapahdu. Silloin piiri on virransäästötilassa, jos sellainen on, eikä reagoi mihinkään.

Output Enable -sisääntulo kytkee ulostulon ajurit päälle. Ennen sitä myös chip selectin pitää olla aktiivinen. Piiri reagoi nopeammin output enablen muutokseen kuin chip selectin muutokseen.

Ohjelmoitava lukumuisti (PROM)

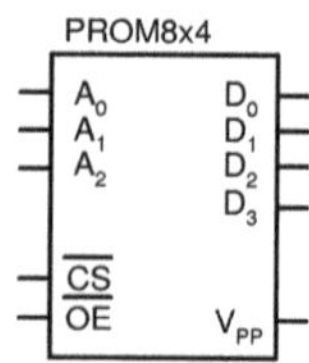

Ohjelmoitava lukumuisti

Ohjelmoitava lukumuisti (PROM, Programmable Read Only Memory) on muistipiiri, jonka voi ohjelmoida itse. Piiri tulee tehtaalta *tyhjänä*, mikä tarkoittaa sitä, että kaikkien bittien tila on ykkönen. Ohjelmointi tapahtuu asettamalla haluttu osoite ja data a ja d -väylille ja kytkemällä päälle *ohjelmointijännitteen*, joka on (paljon) suurempi kuin piirin normaali käyttöjännite. Tällöin ohjelmointijännite polttaa valitun osoitteen muistielementeistä ne emitterit, joita vastaava signaali d-väylällä on nolla. Brutaalia ehkä, mutta helpompaa, kuin lähettää vaikkapa uusi versio tietokoneohjelmasta jonnekin Taiwaniin ohjelmoitavaksi.

Tyhjennettävä ja ohjelmoitava lukumuisti (EPROM)

Vaikkapa kehitettäessä tietokoneohjelmaa on *hiukkasen ärsyttävää* polttaa ROM-piiri joka kerta, kun kokeilee uutta versiota ohjelmasta. Tyhjennettävä ja ohjelmoitava lukumuisti (Erasable and Programmable Read Only Memory, EPROM) piiri on mukavampi tällaisessa tapauksessa. Se ohjelmoidaan kuten PROM -piiri, mutta ohjelmointijännite ei aikaansaa peruuttamattomia muutoksia piirillä. Puolijohdefysiikasta kiinnostuneille paljastettakoon, että tämä tapahtuu lisäämällä kanavatransistorin rakenteeseen ylimääräinen *kelluva hila*, jota ympäröi ohut eristekerros. Ohjelmointijännite houkuttelee elektroneja *tunneloitumaan* eristekerroksen läpi kelluvalle hilalle. Ne jäävät sinne loukkuun ja estävät kanavatransistorin johtamisen kumoamalla hilan normaalin sähkökentän. EPROM -piiri tyhjennetään altistamalle se pitkäksi ajaksi (n. 20 minuuttia) ultraviolettivalolle. Korkeaenergiset UV-fotonit tyrkkivät elektronit hiljalleen kelluvalta hilalta pois, ja piiri palaa tyhjennettyyn tilaan. Tyhjennystä varten piirissä on ikkuna. Käytettäessä piiriä normaalisti ikkuna täytyy peittää. Muuten ikkunasta sisään pääsevä valo voisi vaikuttaa puolijohteen toimintaan ja pitkällä aikavälillä jopa tyhjentää piirin.

Sähköisesti tyhjennettävä ja ohjelmoitava lukumuisti (EEPROM)

EPROM -piiri soveltuu huonosti tilanteisiin, joissa sinne talletettua dataa pitäisi muuttaa piirin toimiessa. Tällöin auttaa sähköisesti tyhjennettävä EEPROM -piiri. Se toimii muuten samalla periaatteella, kuin EPROM -piiri, mutta kelluvat hilat voi myös tyhjentää sähköisesti. Harmillista on se, että tällöin täytyy muistin jokaista bittiä varten tehdä puolijohteelle tyhjennyskanava, jolloin piiristä tulee huomattavan kallis. EEPROM -piirit ovatkin kapasiteetiltaan hyvin pieniä (luokkaa muutama sata - muutama tuhat bittiä). EEPROM -piirien käyttö on hyvin helppoa: jokaisessa osoitteessa olevaa dataa voi muuttaa sen vaikuttamatta muiden osoitteiden dataan.

Lohkoittain sähköisesti tyhjennettävä ja ohjelmoitava lukumuisti (FLASH)

EEPROM-piiriä huomattavasti halvempi on FLASH[1] -piiri, jota ei voi tyhjentää osoite kerrallaan, vaan koko piiri, tai esimerkiksi joidenkin kilobittien kokoinen lohko, kerrallaan. Tämä hankaloittaa jonkin verran piirien käyttöä, mutta halvempi hinta ja suurempi kapasiteetti lievittävät tuskaa. Tyhjennettyyn loh-

1. Nimen '*flash*' keksi Toshiban Shoji Ariizumi vuonna 1984. Hänen mielestään flash-muistin tyhjennystapahtuma muistutti kameran salaman välähdystä.

koon voi kirjoittaa osoite kerrallaan. Luonnollisestikin **lukea** voi kaikissa muistityypeissä vapaasti osoite kerrallaan.

Luku- ja kirjoitusmuisti (RAM)

Kun järjestelmässä tarvitaan muistia, jonka sisältö voi vapaasti muuttua järjestelmän toimiessa, tarvitaan RAM -muistia. Nimitys tulee sanoista Random Access Memory, hajasaantimuisti. Nimen historia on se, että digitaalijärjestelmien ensimmäiset muistit olivat enemmän kovalevyä kuin muistipiiriä muistuttavat *rumpumuistit*, joissa haluttu tieto piti etsiä aina ajamalla lukuvarsi oikeaan paikkaan. Mitä kauempana haluttu osoite oli edellisestä, sitä kauemmin kesti saada tieto rumpumuistista.

Ensimmäiset hajasaantimuistit olivat *core-* eli *ydinmuisteja*. Ne olivat sähköjohtimista ruudukon muotoon kudottuja verkkoja, jossa jokaisessa johdinten risteyskohdassa oli pieni rautajauheesta valmistettu rengas, eli *ferriittihelmi* (ydin[1]). Kytkemällä virta sopivasti sekä rivi-, että sarakejohtimeen, voitiin haluttu ydin magnetoida pohjois- tai eteläsuuntaan kolmannen, *lukujohtimen*, avulla. Ydinmuistin erinomaisin ominaisuus on, että mikä tahansa muistipaikka voidaan lukea yhtä nopeasti, riippumatta siitä mistä osoitteesta on aiemmin luettu. Koska ydinmuistit kestävät hyvin säteilyä, niitä käytettiin avaruustekniikassa pitkään.

1. Kun ohjelma kaatuu Unix -käyttöjärjestelmässä, käyttöjärjestelmä tallettaa, ellei sitä ole erikseen kielletty, levylle vedoksen ohjelman muistin sisällöstä kaatumishetkellä. Sen nimitys *core dump* tulee juuri ydinmuistista.

Nykyään RAM -muistit perustuvat puolijohdetekniikkaan, mutta nimitys on säilynyt. Käyttäjän kannalta yksinkertaisin ja helppokäyttöisin on *Staattinen RAM-muisti* eli SRAM.

Staattinen RAM -muisti (SRAM)

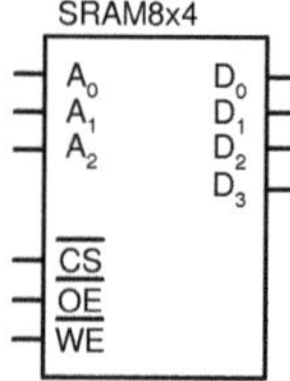

Staattinen RAM -piiri

Staattinen RAM -piiri lisää ROM -piiriin Write Enable -sisääntulon. Se käskee, jos piiri on valittu chip selectillä, piiriä jemmaamaan datanastoihin ajetun datan osoitenastoilla valittuun osoitteeseen sisällään. Dataväylä on siis kaksisuuntainen myös piirin normaalissa toimintatilassa.

SRAM -piireissä bitit tallennetaan yleensä kuudesta (joskus neljästä) transistorista koostuvaan SR-lukkopiiriä läheisesti muistuttavaan rakenteeseen. SRAM -piirit ovat nopeita, joskin hieman kalliita. Tietokoneissa niitä käytetään mikropiirien sisäisinä muisteina sekä välimuisteina. SRAM -muistit sisältävät tietonsa virtakatkokseen saakka.

Dynaaminen RAM -muisti (DRAM)

DRAM -muistit ovat SRAM -muisteja suurempia, halvempia ja hitaampia. Niissä bitit jemmataan pienenpieniin kondensaattoreihin, joita voi olla yhdellä piirillä jopa miljardikaupalla. Koska vuotovirrat tyhjentävät kondensaattoreita pikku hiljaa, täytyy DRAM -muistia toistuvasti *virkistää* eli lukea sitä sopivin välein olevista osoitteista, jolloin piiri automaattisesti kirjoittaa kyseisen osoitelohkon sisältämän datan takaisin muistimatriisiinsa. Joskus tätä tehtävää varten asennetaan järjestelmään erillinen muistikontrolleri. PC-tietokoneiden keskusmuistit eli ns. *muistikammat* sisältävät DRAM-muistia.

6.2 Mikroprosessori

Seuraavalla sivulla on esitetty melko yksinkertainen *mikroprosessori*. Vaikka siinä onkin aika monta osaa, siinä ei ole yhtään komponenttia, jonka toimintaa ei olisi esitelty tässä kirjassa!

Mikroprosessorien toiminnan perusteellinen läpikäyminen vaatisi kokonaan oman kirjansa. Tässä annetaan asiasta vain pintapuolinen, ehkä hieman hiomatonkin, selitys, mutta innostunut digitaalitekniikan harrastajahan hahmottaa pian, mistä on kysymys... Eli älä huoli, vaikket ymmärtäisikään kaikkea, tätä varten on korkeakouluissakin omat kurssinsa!

Aritmetiikka

Aloitetaan aritmeettisesta puolesta. Prosessorissa on kaksi yleisrekisteriä, A (akku) ja B. Aritmeettislooginen yksikkö ALU suorittaa laskutoimituksia niiden avulla. Akku on erityisasemas-

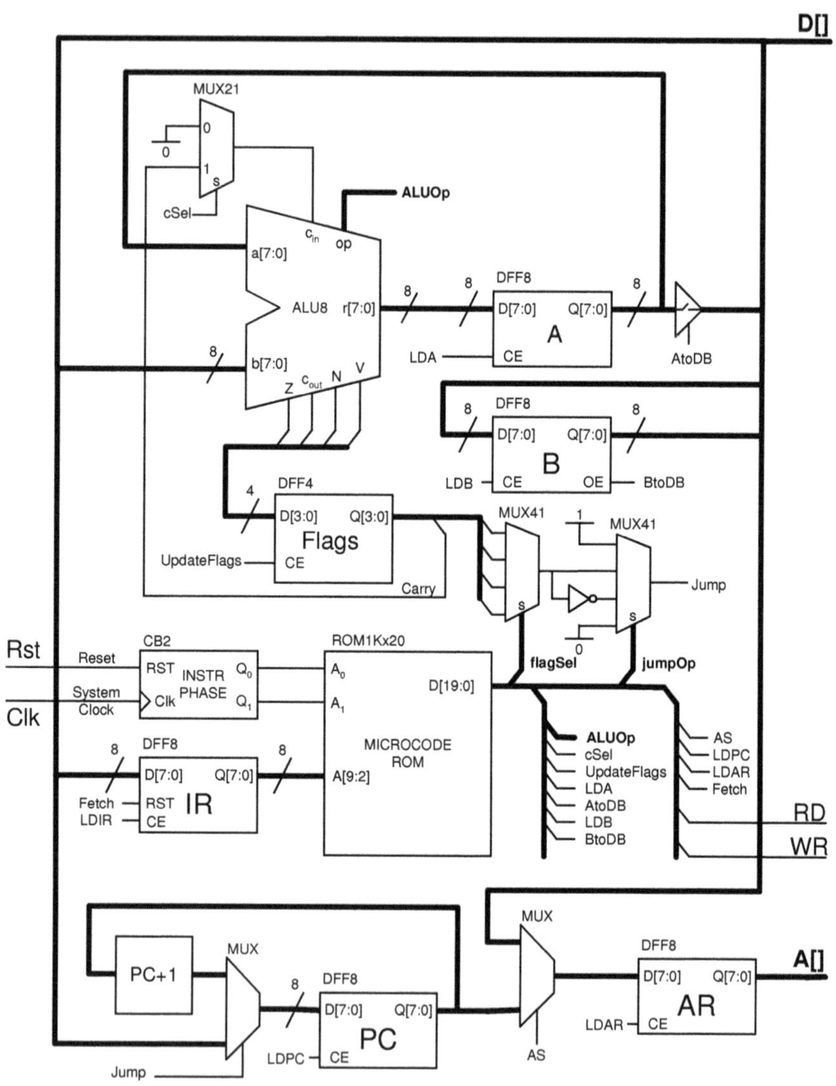

Yksinkertainen 8-bittinen mikroprosessori.
Ulos tulee kuusi signaalia tai väylää: Osoiteväylä A[7:0], dataväylä D[7:0], järjestelmäkello Clk, järjestelmänollaus Rst sekä luvun ja kirjoituksen ohjaussignaalit RD ja WR.

sa: sen ulostulo on kiinteästi ALU:n toisessa sisääntulossa. Toinen laskettavista on siis aina akku ja laskutoimituksen tulos kirjoitetaan niinikään aina akkuun.

Akun lisäksi toisena laskettavana on dataväylä. Dataväylää voidaan ajaa B-rekisterillä (ohjaussignaali BtoDB), mutta ajatus on, että toinen laskettava haetaan yleensä prosessorin ulkopuolisesta maailmasta houkuttelemalla jokin prosessorin väylälle kytkettävä piiri ajamaan dataväylää. Usko pois, se on mahdollista tällä koneella!

Aritmeettisloogisen yksikön yksityiskohtia ei ole näytetty. ALU:ksi käy esim. kirjan kakkososassa esitelty ALU, mutta prosessori hyötyisi muutamista lisäyksistä. Tärkein on se, että akkuun voi ladata arvoja vain ALU:n läpi. Siksi ALUun kannattaisi lisätä operaatio, jossa sen b-sisääntulo viedään suoraan ulostuloon. Silloin saataisiin tuotua dataväylältä arvo akkuun reitittämällä se ALU:n läpi. Myös yhdellä kasvattaminen ja vähentäminen olisivat hyödyllisiä laskentaoperaatioita.

Käskyjen haku ja tulkinta

Tärkein mikroprosessorin ulkopuolelle väylärakenteeseen kytkettävä piiri on *ohjelmamuisti*. Se sisältää *käskyjä* (instructions), joilla ohjelmoija päättää, mitä kone tekee. Idea on seuraavanlainen:

Alussa prosessori on nollattu eli *resetissä*. Kuvaan on piirretty järjestelmänollaussignaali Rst, joka nollaa kaikki järjestelmän kiikut. Kun Rst -signaali viedään epäaktiiviseen tasoonsa, peto pääsee irti! Ensin *käskyrekisteri IR* ja *käskyn vaihelaskuri* (CB2-komponentti) ovat molemmat nollia. Tällöin *mikrokoodi-ROM-min* (alhaalla keskellä) osoite on nolla.

Mikrokoodi ohjaa tämän mikroprosesorin toimintaa. Sen sisääntulo muodostaa *käskykoodista* ja *käskyvaiheesta* osoitteen, johon on ohjelmoitu prosessorin *ohjaussignaalien* tilat ko. käskyn ko. vaiheessa. Ohjaussignaaleita lähtee mikrokoodi-ROM-mista joka puolelle prosessoria. Niillä valitaan mm. lukevatko rekisterit uudet arvonsa ja mikä tieto reititetään mihinkin (multipelkserien valintasignaalit!).

Ensimmäinen käsky (käskykoodi 0) on aina '*Fetch*', *käskyn haku*. Se koostuu neljästä vaiheesta, joille vaihelaskurin arvot (mikrokoodin osoitteen alimmat bitit) ovat järjestyksessä 00, 01, 10 ja 11. Järjestelmäkellon ohjaamana käskyvaihelaskuri askeltaa nuo tilat läpi. Käskyn haku koostuu siis neljästä vaiheesta, joita vastaavat mikrokoodin osoitteet ovat 0000000000, 0000000001, 0000000010 ja 0000000011. Mikroprosessorin suunnittelija ohjelmoi näihin osoitteisiin sellaisten ohjaussignaalien sarjan, joka aikaansaa käskyn haun ulkoiselta väylältä.

Ohjelmalaskuri (Program Counter, PC) pitää sisällään haettavan käskyn osoitteen ulkoisessa muistiväylässä. Prosessorin käynnistyessä senkin arvo on nolla. Ensiksi täytyy ohjelmalaskurin arvo viedä osoiteväylälle. Se tapahtuu valitsemalla ohjaussignaalien tilat AS=1, LDAR=1. Seuraavalla kellonreunalla ohjelmalaskurin arvo latautuu *osoiterekisteriin AR*. Sieltä se näkyy heti prosessorin ulkopuolelle. Dataväylän täytyy olla kaksisuuntainen, mutta osoiteväylää ajaa vain prosessori.

Mikroprosessorin käyttäjän täytyy suunnitella tietokoneensa siten, että osoitteesta nolla luettaessa väylälle kytketty ohjelmamuistipiiri herää ja ajaa osoitteessa 0 olevan datan dataväylälle. Fetch -operaation viimeisessä vaiheessa (CB2=11) käskyrekisterin ohjaussignaali LDIR=1, jolloin seuraavalla kellonreunalla dataväylälle ohjelmamuistista soljunut käskykoodi kulkeutuu IR -rekisteriin. Samalla ohjelmalaskuriin täytyy reitittää yhdellä kasvatettu arvo, jotta seuraava käskykoodin haku tapahtuisi ulkoisen väylän osoitteesta 1. Aina, kun ohjelmamuistista luetaan arvo, täytyy ohjelmalaskurin arvoa kasvattaa yhdellä.

Väylältä haettu käskykoodi ladataan käskyrekisteriin IR, josta se näkyy mikrokoodi-ROMin osoitteen ylemmissä biteissä. Jos mikrokoodi-ROMia vertaisi musiikkilevyyn niin voitaisiin sanoa, että se vaihtaa raitaa. Jokainen käskykoodi vastaisi omaa raitaansa. Raidalla ovat sitten ne ohjaussignaalit, jotka aikaansaavat käskyn suorituksen. Aina raidan viimeisessä vaiheessa nostetaan käskyrekisterin nollaava Fetch -signaali ylös. Siten seuraavalla kellojaksolla alkaa uusi käskyn haku.

Hypyt

Joskus ohjelmassa pitää *hypätä* paikasta toiseen. Hyppy voi olla ehdoton tai ehdollinen. Ehdollinen hyppy tehdään, jos ehdon määrittelemä *tilalippu* on ylhäällä (tai alhaalla, jos niin halutaan). Esimerkiksi ohjelmassa voisi tarvita hyppäystä jonnekin jos A ja B -rekistereissä on sama luku. Silloin suoritettaisiin niiden vähennyslasku (tulosta ei tarvitse tallettaa mihinkään!), jolloin *tilalippurekisteri* (Flags) päivitettäisiin. Sieltä katsottaisiin nollalipusta Z, oliko vähennyslaskun tulos nolla. FlagSel -ohjaussignaaleilla valittaisiin lippu Z, jumpOp olisi 01 (hyppää jos lippu on 1), jolloin Jump -signaalin tilaksi tulisi nollalipun tila. Se taas valitsee ladataanko ohjelmalaskuriin normaali, yhdellä kasvatettu arvo vai kokonaan uusi arvo dataväylältä.

Esitetty mikroprosessori on pyritty saamaan mahdollisimman yksinkertaiseksi, kuitenkin niin, että kaikki yleisimmät operaatiot olisivat sillä mahdollisia. Käytännön mikroprosessorit ovat monipuolisempia; niissä on enemmän rekistereitä, enemmän laskentayksiköitä, erilliset osoitteenlaskentayksiköt yms. yms. yms. Ohjauslogiikkakin tehdään yleensä "hienostuneemmin" kuin mikrokoodirommilla. Hämmästyttävän paljon pikku prosessorissamme on kuitenkin samaa kuin isommissa veljissään, eikä sen tarvitse hävetä niiden rinnalla. Sen toiminnan ymmärtämisestä on varmasti apua monimutkaisempien prosessorien toimintaa pohdiskellessa.

A

B

C

D

J

K

L

S

T

www.ingramcontent.com/pod-product-compliance
Ingram Content Group UK Ltd.
Pitfield, Milton Keynes, MK11 3LW, UK
UKHW021652190726
13853UKWH00001B/212

9 789525 511048